"十四五"普通高等教育本科部委级规划教材

软装设计与实战

ruanzhuang sheji yu shizhan

阎轶娟　龙杰　秦杨　编著

中国纺织出版社有限公司

《软装设计与实战》编委会

主　编　阎轶娟（武汉生物工程学院）

　　　　龙　杰（武汉纺织大学外经贸学院）

　　　　秦　杨（湖北第二师范学院）

副主编　孙万香（西安职业技术学院）

　　　　孙　黎（重庆传媒职业学院）

　　　　郑　斌（湖南理工学院）

　　　　肖　璇（湖南工程职业技术学院）

　　　　程　熠（重庆电子工程职业学院）

参　编　刘　溪（武昌首义学院）

　　　　龚　萍（广东创新科技职业学院）

前　言

随着生活水平的提高，人们对居住环境和生活品质的要求也越来越高。室内软装设计作为新兴行业，对从业者有着较高的专业要求。但是，目前专业的软装设计人才非常紧缺，迫切需要有专业的教材进行指导。

本书主要介绍软装设计的基本概念，让相关专业学生了解软装设计的发展，掌握软装设计元素及相关知识，依据空间场所定位和客户群来进行相应的软装元素搭配。通过学习培养具有一定软装设计理念、具备良好的形象思维和形象表现能力，同时具有软装方案设计能力和现场摆场实战能力的实用人才，为将来踏上工作岗位奠定坚实的基础。

通过本书的学习，可以逐步了解软装设计方法与工作流程，学会运用合适的软装元素使整体空间的视觉效果显得更为突出、更有品位，最终达到独立完成一套完整的室内空间软装设计方案的目的。

本书是编者近十年在教学实践中积累的知识成果。在遵循教学大纲的前提下，不断充实和调整教学内容，形成了较为完善的教学体系和有特色的课程架构。编写过程中，笔者参阅了大量著作、刊物、网站等相关资料，在此对这些作品和文献的作者表示衷心感谢。对所引用作品、文献未能详尽标注作者和出处的著作权人，深表歉意，若涉及版权问题，请来电协商。

本书在编写中使用了一些同学的设计作品，感谢他们为此书提供的素材及图片资料。

由于作者水平有限，书中难免有疏漏之处，敬请读者批评指正，以便日后修订完善。

编　者

2021 年 2 月

目 录

第一章

软装设计导论

导　　论： 了解软装设计的基本概念，掌握软装的分类及软装设计的服务对象，熟悉软装设计行业的现状及未来发展趋势。

建议课时： 4课时。

第一节　软装的概念和发展

一、软装的概念

所谓软装，指居住空间与商业空间中所有可移动元素。即基础装修完成后，使用家具与饰物对室内空间进行陈设与布置（图1-1、图1-2）。它区别于传统装修行业的概念，是将家具、布艺、地毯、陈设品、灯具、花艺、绿色植物等进行重新组合。也就是说，通过选择不同的家具、饰品进行合理搭配后，形成一种新组合置放于空间内，在满足使用功能的同时，实现使用者的精神及审美追求，营造别致个性化的空间氛围。

图1-1　软装设计中的家具

图1-2　软装设计中的陈设品

软装设计是比较灵活的“装修”形式，是能营造室内环境和氛围的生花之笔，能较好体现居住者的审美修养（图1-3、图1-4）。软装设计是针对特定的室内空间，根据空间的功能、历史、地理、环境、气候及主人的格调、爱好等各种要素，利用各种软装产品，通过设计、挑选、搭配、陈列等过程来营造空间氛围的一种创意行为。

图1-3　居住空间中的软装设计（一）

图1-4　居住空间中的软装设计（二）

二、软装设计市场的状况及发展前景

软装设计也是室内设计的一部分，随着业主需求的不断提高，装饰装修行业对设计师们提出了新的要求，但鉴于国内室内设计行业起步较晚，无法适应因经济快速发展所产生的高端消费业主群体对室内软装的需求。为顺应行业的发展，目前出现了很多独立的软装设计公司，但是从业人员的数量远远满足不了市场需求。

（一）室内软装设计的发展状况

软装历来就是人们生活的一部分，它是生活的艺术。在古代，人们已懂得用鲜花和绘画等来装饰房屋，用不同的装饰品来表现不同场合的氛围，现代人更加注重用不同风格的家具、饰品和布艺来表现自己独特的品位和生活情调。

随着经济全球化的发展，物质的极大丰富带给人们琳琅满目的商品和更多的选择，怎样使搭配更协调、更高雅、更能彰显居者的品位，已成为一门艺术，于是诞生了软装饰行业。在较先进的国家，早在半个世纪前就开始了全装修时代，直至今日，家装公司这一行业已经基本消失，取而代之的是软装设计这一新的理念。他们认为，室内空间的个性就是通过软装摆饰体现出来的。国内自从1997年家装行业正式诞生至今，随着业主需求的不断提高，装饰装修行业对设计师们提出了新的要求，市场上室内设计师们的角色也发生了较大的变化。虽然近两年软装设计师行业在北京、上海、广州、杭州逐渐兴起，但是从业人员的数量远远满足不了市场需求。

（二）室内软装设计的前景

1. 市场的需要

在个性化与人性化的设计理念日益深入人心的今天，自身价值的回归成为人们关注的焦点。要创造出理想的室内环境，就必须处理好软装饰。从满足用户的心理需求出发，根据政治和文化背景，以及用户所处的社会地位不同等条件。针对每个消费群体不同的消费需求，设计出属于个人的理想的“软装饰”，只有针对不同的消费群做深入研究，才能创造出个性化的室内软装饰。只有把人放在首位、以人为本，才能使设计人性化。

作为一个软装设计师，要以居住者为主体，结合室内环境的总体风格，充分利用不同装饰物所呈现出的不同性格特点和文化内涵，使单纯、枯燥、静态的室内空间变成丰富的、充满情趣的、动态的空间。

2. 建筑装饰行业的需要

随着各种住宅政策的陆续推出，2008年7月29日，住房和城乡建设部再次发布《关于进一步加强住宅装饰装修管理的通知》（建 S〔2008〕133 号），指出要完善扶持政策，大力推广精装修房。这为软装市场的专业化运作提供了政策保障，但是精装修房风格单一、千家一面，不能很好地体现业主的风格及品位，唯有通过软装饰品的陈设来凸显不同。

第二节　软装的分类和服务对象

一、软装的分类

（一）按室内空间的使用功能分类

1. 家居空间软装设计

家居空间软装设计是根据空间的整体设计风格及主人的生活习惯、兴趣爱好和经济情况，设计出符合主人个性品位，且经济、实用的室内空间环境（图 1-5、图 1-6）。

图1-5　家居空间软装设计（一）

图1-6　家居空间软装设计（二）

2. 公共空间软装设计

公共空间软装设计是根据具体空间的整体设计风格和功能需求，设计出符合特定空间使用性质，展现空间气度和氛围的室内空间环境（如酒店、会所、餐馆、办公室等）（图 1-7、图 1-8）。

图1-7 餐饮空间软装设计

图1-8 酒店大堂空间软装设计

（二）按功能性分类

1. 功能性软装陈设

指具有一定实用价值并具有观赏性的软装陈设，大到家具（图1-9、图1-10），小到餐具、灯具、织物、器皿等（图1-11、图1-12），此类软装陈设放在室内不仅实用，又具有装饰效果，是大多数业主非常喜爱的产品。

图1-9 沙发、茶几等功能性软装陈设（一）

图1-10　沙发、茶几等功能性软装陈设（二）

图1-11　灯具类功能性软装陈设

图1-12　织物类功能性软装陈设

2. 装饰性软装陈设

装饰性软装陈设主要指观赏性的软装陈设（图 1-13），如雕塑、纪念品、工艺品、花艺（图 1-14）、植物、装饰画（图 1-15、图 1-16）等。

图1-13　工艺品装饰性陈设

图1-14　花艺类装饰性陈设

图1-15　画品类装饰性陈设（一）

图1-16　画品类装饰性陈设（二）

（三）按材料分类

软装饰种类繁多，使用的材料种类也有区分，如布艺、铁艺（图 1-17）、木艺、陶瓷（图 1-18）、玻璃（图 1-19）、石制品、玉制品、骨制品、塑料制品等。此外，还有一些新型材料，如玻璃钢、贝壳制品、合成金属制品等。

图1-17　铁艺类软装饰品

图1-18　陶瓷类软装饰品

图1-19　玻璃类软装饰品

（四）按摆放方式分类

按摆放方式分类，可以分为摆件和挂件两大类（图 1-20、图 1-21）。

图1-20　软装饰品摆件

图1-21　软装饰品挂件

（五）按收藏价值分类

按收藏价值分类，可以分为增值收藏品和非增值装饰品。具有一定工艺技巧和升值空间的工艺品、艺术品，如字画、古玩（图 1-22）等则属于增值收藏品。其他无法升值的陈设品则属于非增值装饰品，如普通的花瓶、摆件等（图 1-23）。

图1-22　增值收藏品莫奈《睡莲》

图1-23　非增值装饰品

二、软装设计的服务对象

软装设计服务于居住空间与商业空间中所有可移动元素，其主要服务对象包括：住宅、酒店与民宿、公共展示空间、餐饮空间、办公空间、售楼中心等。

1. 住宅

随着精装房的逐步推广，住宅空间在软装设计中的地位日渐凸显。可以根据居室空间的大小、形状以及主人的生活习惯、兴趣爱好和经济情况，从整体上综合策划装饰装修设计方案，体现主人的个性品位，而不会千家一面（图 1-24、图 1-25）。

图1-24　住宅样板间设计（一）

图1-25　住宅样板间设计（二）

2. 酒店与民宿

酒店与民宿的主要功能是接待来自各地的住客，让人们在入住酒店时能感受到不同的地域文化，因此酒店的软装设计不仅是要营造出宾至如归的温馨感，还要让住客体会到与众不同的酒店文化（图 1-26 ～图 1-30）。

图1-26　九华山陌上花间堂大堂

图1-27　九华山陌上花间堂客房（一）

图1-28　九华山陌上花间堂客房（二）

图1-29　九华山陌上花间堂客房（三）

图1-30　九华山陌上花间堂客房（四）

3. 展示空间

通过对店面及橱窗进行软装饰品的陈列设计，既可以吸引更多的顾客，还能提升品牌形象、提高销售量（图 1-31、图 1-32）。

图1-31　CKS 潮牌买手店（一）

图1-32　CKS 潮牌买手店（二）

4. 餐饮空间

餐饮空间的软装设计会根据其餐厅设计风格采用相应的软装陈设，如图 1-33、图 1-34 中的中式餐厅所选择的工艺陈设品和装饰画，均能较好地营造中式风格氛围。

图1-33　餐饮空间中的软装设计（一）

图1-34　餐饮空间中的软装设计（二）

5. 办公空间

不同于其他空间，在办公空间的软装设计要做好明确的区分，并通过不同的软装手法将公司的文化性予以体现（图 1-35、图 1-36）。

图1-35　办公空间中的软装设计（一）

图1-36　办公空间中的软装设计（二）

6. 售楼中心

售楼中心的形象直观地呈现了开发商的实力，也体现了对购房者的重视与尊重，所以售楼处的整体软装设计是非常重要的，无论是大气端庄的中式风格，还是辉煌富贵的欧式、英式风格，都能彰显出一种独特的气质，也更容易被客户所接受和喜爱。

图1-37　售楼中心软装设计（一）

图1-38　售楼中心软装设计（二）

本章小结：

随着时代的不断发展，软装艺术走入了人们的生活。软装设计应用于环境空间中，不仅可以给使用者视觉上的美好享受，也可以让使用者感觉到温馨、舒适或者与设计者想要表达的意境产生共鸣，赋予室内设计独特的魅力。

思考与练习题：

1. 利用互联网并查阅图书资料，进行国内外软装设计相关资料的搜集。
2. 考察家居市场，分析软装设计的市场发展情况。

第二章

软装设计风格

导　论： 风格是一种艺术形式成熟的标志，更是一种境界。各种室内软装风格都是随着历史潮流而推进的动态文化现象。根据不同的地域文化、人文生活和特有的建筑设计风格与相关的元素进行设计，形成了不同的装饰风格。通过本章的学习，使学生了解软装设计风格，掌握各类软装设计风格的特征，在设计方案中能基于空间的性质、业主的特质等选择相适应的风格。

建议课时： 8 课时。

第一节　中式风格

一、传统中式风格

传统中式风格的主要特点是追求一种修身养性的生活境界，室内多采用对称式的陈设方法，格调高雅，造型简朴优美，色彩浓重而成熟。传统中式风格适合性格沉稳、喜欢中国传统文化的人群（图 2-1、图 2-2）。

传统中式风格在室内软装元素上多选择字画、挂屏、盆景、瓷器、古玩、屏风等陈设品（图 2-3）；在装饰细节上，崇尚自然情趣，多用花草、鱼虫等艺术元素；在工艺上，精雕细琢，富于变化，充分体现中国传统美学的精神（图 2-4）。

图2-1　传统中式风格（一）

图2-2　传统中式风格（二）

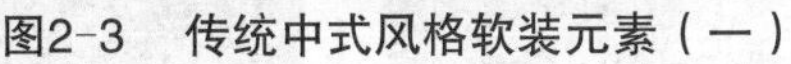

图2-3　传统中式风格软装元素（一）

图2-4　传统中式风格软装元素（二）

二、现代中式（新中式）

现代中式风格，也被称作新中式风格。现代中式风格的设计是从功能、外观、文化内涵等方面进行综合考虑，对传统的元素作适当地简化与调整，对传统的材料、构造、工艺进行再创造，是在尊重中国传统文化的基础上，迎合现代人对简约时尚的追求而产生的新的设计风格（图 2-5、图 2-6）。

图2-5　新中式风格客厅

现代中式风格在设计上继承了唐代、明清时期家居理念的精华，将其中的经典元素提炼并加以丰富，空间造型多采用简洁硬朗的直线，如图 2-7、图 2-8 中新中式风格的客厅及餐厅设计，在装饰细节上保持精雕细琢，同时富于变化，充分体现出中国传统美学精神与现代风格的完美结合。

现代中式风格非常讲究空间色彩的层次感，在摆设上无须运用非常多的中式摆件和陈设，适当点缀一些富有东方精神的物品就可以达到好的效果（图 2-9、图 2-10）。

图2-6　新中式风格餐厅

图2-7　新中式风格（一）

图2-9　新中式软装饰摆件

图2-8　新中式风格（二）

图2-10　新中式茶具

第二节　欧式风格

欧式风格在时间上起源于古希腊、古罗马时期，它继承了欧洲三千多年传统艺术中华贵繁复的装饰风格，又融入了当代设计师对功能的追求。

一、巴洛克风格

巴洛克是一种代表欧洲文化典型的艺术风格，可以追溯至以意大利等欧洲国家在巴洛克时期的建筑与家具风格。这个时期的室内装饰设计强调建筑绘画与雕塑以及室内环境等的综合效果，突出夸张、浪漫、激情和非理性、幻想等特点。巴洛克风格常常使用各色大理石、宝石、青铜、金等装饰，华丽而壮观（图2-11、图2-12）。

图2-11　巴洛克风格（一）

图2-12　巴洛克风格（二）

巴洛克家具尺寸较大，其覆盖面多往外鼓出，使外形看上去十分饱满，透出一股阳刚之气，同时在坐卧类家具上采用面料包裹。巴洛克的装饰喜欢用大胆的颜色，包括黄、蓝、红、绿、金和银，渲染出一种豪华的、戏剧性的效果。繁复的空间组合与浓重的布局色调，把每一件家具和软装饰品的抒情色彩表达得十分强烈（图 2-13、图 2-14）。

图2-13　巴洛克风格（三）

图2-14　巴洛克风格（四）

二、洛可可风格

图2-15　洛可可风格（一）

18世纪的法国，产生了一种非对称的、富有动感的、自由奔放而又纤细、轻巧、华丽繁复的装饰样式，即洛可可风格。其设计特点是室内装饰和家具造型上凸起的贝壳纹样曲线和莨叶般呈锯齿状的叶子，以及蜿蜒反复出现的意趣盎然的曲线，常用“C”形、“S”形、漩涡形等形式，造型构图遵从非对称法则，且带有轻快、优雅的运动感。

在建筑、室内、家具等艺术的装饰设计上，以复杂自由的波浪线条为主势，洛可可家具纤细而优雅，显示出女性化的品位和格调；把镶嵌画以及大量镜子用于室内装饰，形成了一种轻快精巧、优美华丽、闪耀虚幻的装饰效果。洛可可风格喜欢用淡雅的粉色系，如粉红、粉蓝、粉黄等，以白色、金色为主调，整体感觉明快柔媚，并以大量饰金的手法营造出一个金碧辉煌的室内空间（图2-15、图2-16）。

图2-16　洛可可风格（二）

三、新古典风格

新古典风格传承了古典风格的文化底蕴、历史美感及艺术气息，其精髓在于摒弃了巴洛克时期过于复杂的肌理和装饰，结合洛可可风格元素，为硬而直的线条配合温婉雅致的软性装饰，将古典美注入简洁实用的现代设计中，使室内空间更有灵性。其运用于软装设计上的特点是简单的线条、优雅的姿态、理性的秩序和谐，新古典风格具备了古典与现代的双重审美效果。

新古典主义在材质上一般会采用传统木制材质，用金粉描绘各个细节，运用艳丽大方的色彩，注重线条的搭配以及线条之间的比例关系，令人感受到强烈的传统痕迹与浑厚的文化底蕴（图 2-17、图 2-18）。

图2-17 新古典风格（一）

图2-18 新古典风格（二）

新古典风格的空间墙面上减掉了复杂的欧式扶护墙板，使用石膏线勾勒出线框，把护墙板的形式简化到极致。在家具的造型上减少了古典家具的雕花，简化了线条。在布艺上选择色调淡雅、纹理丰富、质感舒适的纯麻、精棉、真丝、绒布等天然华贵面料（图 2-19、图 2-20）。

图2-19 新古典家具（一）

图2-20 新古典家具（二）

第三节　其他地域风格

地域风格是指富有鲜明地域文化特色的室内陈设，主要有地中海风格、东南亚风格、美式风格、北欧风格等。

一、地中海风格

地中海风格指延地中海周边的国家，如西班牙、法国、意大利、希腊、土耳其等国的建筑及室内装饰风格，是在 9 ～ 11 世纪文艺复兴前兴起的地中海独特的风格类型。地中海风格通常将海洋元素应用到家居设计中，给人自然浪漫，蔚蓝明快的舒适感。在造型上广泛运用拱门与半拱门，带来曲线美的同时，又给人延伸般的透视感（图 2-21、图 2-22）。

图2-21　地中海风格（一）

图2-22　地中海风格（二）

地中海风格在室内软装元素的选配上大部分采用线条简单且修边的实木家具，在室内布艺中以素雅的小细花、条纹格子图案为主（图2-23）；独特的锻打铁艺家具也是地中海风格的美学产物（图2-24）；家居室内绿化多以薰衣草、玫瑰、茉莉、爬藤类植物为主。

图2-23　地中海风格软装元素（一）

图2-24　地中海风格软装元素（二）

二、东南亚风格

东南亚风格是一种以东南亚民族岛屿特色及精致文化品位相结合的设计风格。这种风格的特点是原始自然、色泽鲜艳、崇尚手工，广泛地运用木材和其他天然原材料，如藤条、竹子、石材、青铜和黄铜，深木色的家具，局部采用一些金色的壁纸、丝绸质感的布料，灯光的变化体现了稳重感及豪华感。东南亚的大多数酒店和度假村都运用了这种融入宗教文化元素的风格，因此东南亚风格也逐渐变为休闲和奢侈的象征。

采用金色、黄色、玫红色等饱和色彩的布艺软装是东南亚传统风格的特色；通过手工编织、雕刻工艺在室内的大量运用，营造自然的感觉；多采用柚木、檀木等木刻家具。泰国木雕家具多采用包铜装饰，印度木雕家具多以金箔装饰；同时利用昏暗的照明、线香、流水等打造出清净的环境（图2-25、图2-26）。

三、美式风格

美式风格起源于17世纪，先后经历殖民地时期、美联邦时期、美帝国时期的洗礼。美式风格的诞生源自于欧洲的巴洛克、洛可可以及哥特风格和美国本土草原风格的融合，实际上是一种混合风格。其最大的特点就是文化和历史的包容性，以及对空间设计的深度享受。

西部牛仔的不羁、怀旧等特点迎合了当时的文化阶层对生活方式的追求，既有文化感，又有贵气

图2-25　东南亚风格

图2-26　东南亚风格餐厅设计

感、自在感与情调感，受到美式牛仔情结的深刻影响。同时又是对美国自由开放精神的推崇，美式乡村风格就富含了这种思想以及文化内涵，美国人身上除了具有现代美国精神之外还保有了当时所特有的勤劳乐观，热情好客。

（一）美式风格的特点

具有务实、规范、成熟的特点；结构造型多用直线，形体比较大；多采用做旧处理（图2-27）。

（二）美式风格代表元素

（1）采用一些棉布材质的沙发和抱枕，喜欢用一些流苏和条纹这样的布艺，属于非常自由休闲的一种感觉（图2-28）。

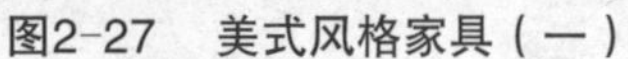

图2-27 美式风格家具（一）

图2-28 美式风格家具（二）

（2）家具上特意做旧，涂抹一些哑光漆。并且以深褐色为主，选材也尽可能展示出一种温润自然的触感。美式家具大多体积比较庞大，有一种看上去旧旧的感觉，风格比较粗犷（图 2-29、图 2-30）。

（3）把先祖留下来的古董以及旧家具摆放到醒目的位置，从而显示注重文化素养和历史内涵。

（4）在色彩方面主要有美国星条旗组合，作为灵感的做旧色彩组合以及有檫色陈旧感的红、白、蓝。

（5）标志性的图案有代表南部热情好客的菠萝图案，还有一些鸟屋图案等。

图2-29 美式风格家具（三）

图2-30　美式风格家具（四）

四、北欧风格

北欧风格总体来说因为地域文化的不同分为三个流派，分别是瑞典设计、丹麦设计、芬兰现代设计，三个流派统称为北欧风格设计。北欧风格家居以简洁著称，注重以线条和色彩的配合营造氛围，没有人为的图案雕花设计，是一种对自然的极致追求。

（一）设计理念

以“功能”为核心，强调实用性与舒适性，将极简主义与现代工业设计相结合，集中体现了绿色环保、以人为本的设计理念。

（二）色彩表现

北欧风格色彩丰富，黑白灰只是北欧风的入门家装手法，而最终追求在简洁色调的基础上运用丰富的点缀色，达到高饱和度、张扬的效果（图 2-31、图 2-32）。

图2-31　北欧风格色彩表现（一）

图2-32　北欧风格色彩表现（二）

（三）家具选配

北欧家具一般都比较低矮，以板式家具为主，材质上选用桦木、枫木、橡木、松木等未经精加工的木料，将木材本身的纹理、色泽和细腻质感注入到家具中（图 2-33、图 2-34）。

图2-33　北欧风格家具（一）

图2-34　北欧风格家具（二）

（四）布艺元素

北欧风格常用白色、灰色系的窗帘。如果搭配得宜，窗帘上也可以出现大块的高纯度鲜艳色彩。北欧风格的地毯有很多选择，一些图案极简、线条感强的地毯可以起到不错的装饰效果。

（五）绿植与花艺元素

北欧风格的空间喜欢拥有大叶片的植物，除了调节室内空气外，还起到了很好的装点作用，提升了整体风格的色彩饱和度。大叶片的植物带有自然气息，迎合了北欧人热爱自然的诉求（图 2-35、图 2-36）。

图2-35　北欧风格中的绿植（一）

图2-36　北欧风格中的绿植（二）

第四节　田园风格

田园风格就是指以田地和园圃特有的自然特征为主题，表现出农村生活或乡间风格的艺术特色，呈现出自然闲适的内容。田园风格强调自然美，装饰材料均取自天然材质，如竹、藤、木的家具，棉、麻、丝等织物，陶、砖、石的装饰物，乡村题材的装饰画，等等。一切未经人工雕琢的都是具有亲和力的，即使有些粗糙，也都是自然地流露。

一、英式田园风格

英式田园的家具多以奶白、象牙白等白色为主，以高档的桦木、楸木等做框架，配以高档的环保中纤板做内板，优雅的造型，细致的线条使得每一件家具含蓄温婉，内敛而不张扬，散发着从容淡雅的生活气息，又带有清纯脱俗的气质（图 2-37、图 2-38）。

图2-37　英式田园风格（一）

图2-38　英式田园风格（二）

二、法式田园风格

法式田园风格是由文艺复兴风格演变而来的，它吸收了路易十四时期的装饰元素，并将其以更为注重舒适度和日常生活的方式表现。最明显的特征是家具的洗白处理及配色上鲜艳且大胆的处理。洗白处理使家具流露出古典家具的隽永质感，黄色、红色、蓝色的色彩搭配，则反映丰沃、富足的大地景象，而椅脚被简化的卷曲弧线及精美的纹饰也是优雅生活的体现（图 2-39、图 2-40）。

图2-39　法式田园风格（一）

图2-40　法式田园风格（二）

法式田园风格具有代表性的软装摆设有木制储物橱柜、铁艺收纳篮、装饰餐盘、木制餐桌、靠背餐椅或藤编坐垫；淡雅、简洁色调的亚麻布艺是法式田园风格软装必不可少的装饰，木耳边是这些布艺的常用方法（图 2-41、图 2-42）。

图2-41　法式田园风格木制储物柜

图2-42　法式田园风格布艺元素

第五节　工业风格

工业风格起源于将废旧的工厂或仓库改建成的兼具居住功能的空间，工业风格给人一种现代工业气息的简约、随性感，在裸露砖墙和原结构表面的粗犷外表下，反映了人们对于无拘无束生活的向往和对居住品质的追求。

一、工业风格设计手法

工业风格在设计中会采用大量的工业材料，如金属构件、水泥墙、水泥地，做旧质感的木材、皮质等元素，格局以开放型为主。工业风格的基础色调常为黑白色，辅助色通常搭配棕色、灰色、木色，这样的氛围对色彩的包容性极高，因此可以多用彩色软装、夸张的图案去搭配，中和黑白灰的冰冷感（图 2-43）。丰富的细节装饰也是工业风格表达的重点，能起到饱满空间及增添温暖感的作用。

图2-43　工业风格客厅

二、工业风格常用元素

（一）家具

工业风格对家具的包容度很高，可以直接选择金属、皮质、铆钉等工业风家具（图 2-44、图 2-45），或者现代简约风格的家具。如木制家具、造型简约的金属框架家具，都能丰富工业感的主题，让空间利落有型。

图2-44　工业风格家具（一）

（二）灯具

工业风整体给人的感觉是冷色调，色系偏暗，为了起到缓和作用，可以局部选择采用点光源照明的形式。

（三）布艺及饰品

工业风空间的窗帘以纯色居多，地毯一般采用棉质或亚麻编织，用于沙发区域或床前。在饰品的选择上可采用跳跃的颜色点缀，合适的饰品能提升整体空间的品质感，既能凸显工业风的粗犷，又会显得品位十足。

图2-45　工业风格家具（二）

第六节　现代轻奢风格

现代轻奢风格的主体装修比较简洁，但也不像现代简约那样随意，用于装饰的壁纸和家具线条优美，在看似简洁的外表下，给人一种低调奢华有内涵的感觉。它是在现代风格黑白灰的冷峻中加入金色调和。它比极致简约风格更注重品质和设计感，向人们透露着生活本真的自然和纯粹。它以高品质、设计感、舒适、简约为风格特点。摒弃传统的奢华风格，回归生活本真，家居空间给人时尚简约、气质优雅且不失温馨舒适的感觉（图 2-46、图 2-47）。

图2-46　现代轻奢风格

图2-47　现代轻奢风格家具陈设

一、现代轻奢风格的特点

现代轻奢风格强调简单的硬装饰技巧，透过家具、纺织品和皮毛等软性元素来体现其奢华的特征，它所呈现出来的时尚感比单一的现代风格更加奢华且优雅。在设计上并不讲究过多的缀饰，而是更加的看重个人特性和整体气质，并通过精致的软装和细节呈现出来，让人处于一种高级感的视觉环境下。

二、现代轻奢风格设计手法

（一）材质运用上

在轻奢风格中常用的材料，如大理石、黄铜元素、丝绒、皮饰等（图 2-48、图 2-49），可以经过巧妙的混搭与组合，让空间的奢华感上升到新的高度。

图2-48 现代轻奢材质表现（一）

图2-49 现代轻奢材质表现（二）

（二）色彩表现上

在轻奢风格中常用高级黑和高级灰作为表现，让空间有一种大方利落的感觉；并选用带有高级感的中性色，诸如驼色、象牙白、奶咖及炭灰色，令空间质感更为饱满（图 2-50）。

图2-50 现代轻奢风格色彩表现

（三）家具选配上

现代轻奢风格是将现代风格和古典风格完美地融合在一起，硬装会比较偏现代风，家具和软装会比较偏古典风，整体个人的感觉就是非常时尚、奢华、有品位。

本章小节：

软装设计风格是利用那些易更换、易变动位置的物品，根据不同的地域文化、人文生活和特有的建筑设计风格与相关的元素进行设计，从而形成的装饰装修风格。

思考与练习题：

1. 查找并整理新古典风格、日式风格、LOFT 风格、北欧风格、ART DECO 风格等各类风格的软装元素，任选其中一种风格进行软装设计元素综合表现。

2. 从（图 2-51 ～图 2-54）分析人物性格特征，并选择与之相匹配的风格进行软装设计。

图2-51　人物形象（一）

图2-52　人物形象（二）

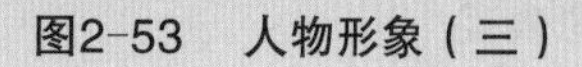

图2-53　人物形象（三）

图2-54　人物形象（四）

3. 在学习本章几种软装设计风格的基础上，收集各种风格的软装图片资料并进行归类划分，以 ppt 的形式制作图册集进行风格流派解析。

第三章

软装色彩原理与配色

导　论： 学习色彩搭配是做好软装设计的基本功，色彩是软装设计的精髓与灵魂，在室内软装设计中不仅要考虑色彩效果给空间塑造带来的限制性，同时更应该充分考虑色彩特性的视觉效果，能否准确把握色彩搭配方法决定着作品的成功与否。

建议课时： 4 课时。

对于软装设计来说，色彩具有非凡的吸引力。首先，色彩是设计作品给人的第一感觉，配色中非常微妙的差异会形成截然不同的视觉效果。其次，色彩需要结合造型，恰到好处的结合能够强化造型的寓意并发挥图像的表现力，烘托出意欲表达的情感氛围，给人超乎寻常的感觉与想象。最后，色彩还要与材质相配合才能恰如其分地传递信息；作为设计师，必须了解色彩，熟悉色彩，把握色彩的脾性，使色彩规律融会于心，运用时才会得心应手（图 3-1、图 3-2）。

图3-1　色彩的强调与融合

图3-2　色彩与材质

第一节　软装色彩基础知识

一、色彩的基础知识

（一）色彩属性

1. 色相

色相是指色彩相貌特征，因为色彩是不同光波给人带来的不同感受，色彩的种类随着光波的变化而变化，所以色相可以是无穷多的。一般使用的色相环是 12 色相环（图 3-3）。色相包括红色、橙色、黄色、绿色、蓝色、紫色六个种类。其中，暖色包括红色、橙色、黄色等，给人温暖、活泼的感觉（图 3-4）；冷色包括蓝色、蓝绿色、蓝紫色等，让人有清爽、冷静的感觉；而绿色、紫色则属于冷暖平衡的中性色（图 3-5、图 3-6）。

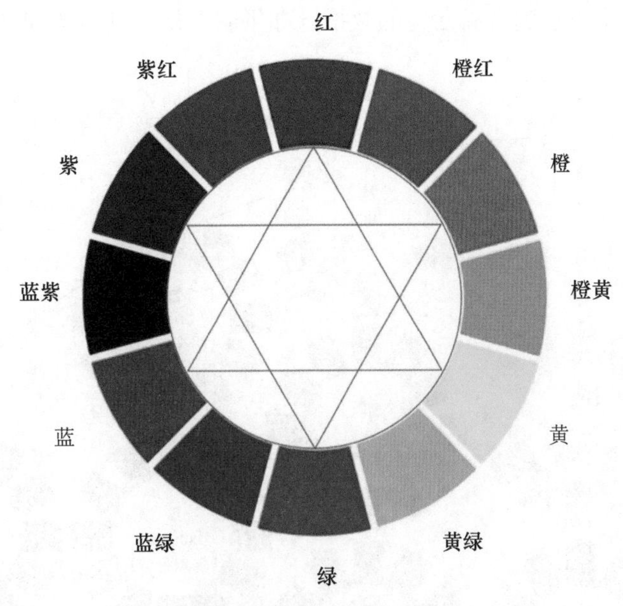

图3-3　十二色相环

图3-4　温暖活泼的橘色系

图3-5　清爽冷静的蓝色系

图3-6　清新自然的绿色系

2. 明度

明度是色彩明亮程度，表达在室内空间陈设上即为物体的亮度和深浅程度。室内的色彩明度要有变化，才能产生丰富的视觉效果。如在任何色彩中添加白色，其明度都会升高；添加黑色，其明度会降低（图3-7）。色彩中最亮的颜色是白色，最暗的颜色是黑色，中间是灰色。在一个色彩组合中，

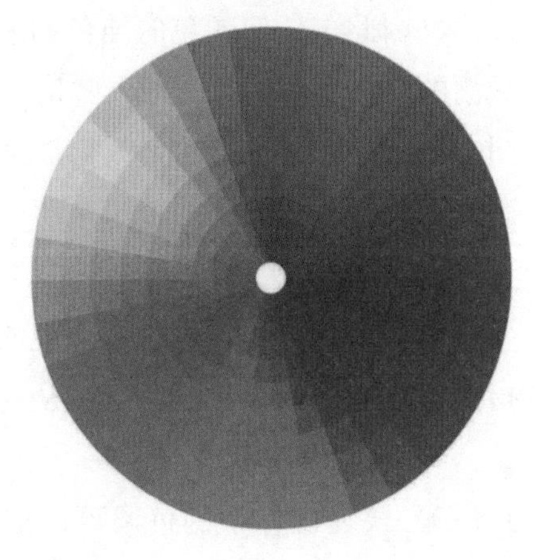

图3-7　色彩的明度

如果色彩之间的明度高，则可以达到时尚活力的效果；如果明度低，则能达到稳重优雅的效果（图 3-8）。

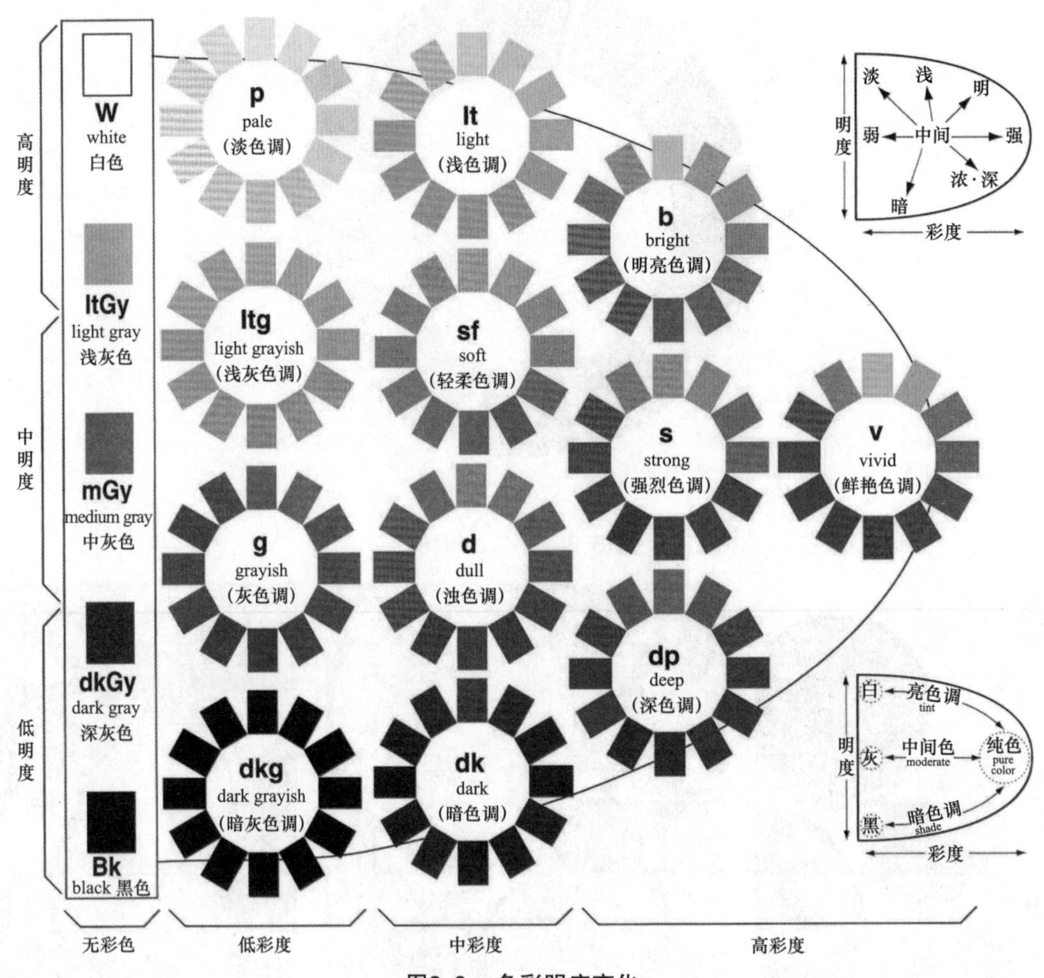

图3-8　色彩明度变化

3. 纯度

纯度是指色彩的纯净度，也称饱和度。原色是纯度最高的色彩，纯度最低的色彩是黑、白、灰这样的无彩色。纯色因不含任何杂色，饱和度最高，因此，任何颜色的纯色均为该色系中纯度最高的。纯度高的色彩给人鲜艳的感觉（图 3-9、图 3-10），纯度低的色彩给人素雅的感觉（图 3-11、图 3-12）。

图3-9　高纯度色彩搭配（一）

4. 色调

色调是指一幅作品色彩外观的基本倾向，泛指大体的色彩效果。通常可以从色相、明度、冷暖、纯度四个方面来定义一幅作品的色调（图 3-13）。软装设计中的色调可以借助灯光设计来表现色彩倾向，营造不同的情景氛围（图 3-14）。

图3-10　高纯度色彩搭配（二）

图3-11　低纯度色彩搭配（一）

图3-12　低纯度色彩搭配（二）

图3-13　以色相营造的冷色调空间

图3-14　运用灯光营造的暖色调空间

（二）色彩的主次关系

1. 背景色

背景色通常指墙面、地面、天花、门窗以及地毯等大面积的界面色彩（图 3-15）。背景色由于其绝对的面积优势，支配着整个空间的效果。设计师可以根据需要营造的空间氛围来选择背景色，柔和的色调可以营造自然、田园的效果；明亮的色调可以营造活跃、热烈的效果（图 3-16）。

图3-15　蓝色作为背景色

图3-16　背景色影响下的空间氛围

2. 主体色

主体色主要是由大型家具或一些大型空间陈设、装饰织物所形成的中等面积的色块，构成视觉中心（图 3-17）。主体色是配色的中心色，通常以主体色为基础搭配其他颜色（图 3-18）。主体色的选择通常有两种方式：要想产生鲜明、生动的效果，应选择与背景色或者配角色呈对比的色彩；要想使整体更为协调、稳重，则应选择与背景色、配角色相近的同相色彩或类似色。

图3-17　家具、布艺作为主体色

图3-18　沙发作为主体色

3. 配角色

配角色在整个空间中的视觉重要性和体积仅次于主体色。常常用于陪衬主体色，使主体色更加突出。配角色通常出现在体积较小的家具上，如单人沙发、椅子、茶几、床头柜等（图3-19、图3-20）。合理的配角色能够使空间产生动感，活力倍增。配角色常与主体色保持一定的色彩差异，既能突出主体色又能丰富空间，但需注意配角色的面积不能过大，否则就会压过主体色。

图3-19　单人椅作为配角色

图3-20　单人沙发作为配角色

4. 点缀色

点缀色是指室内环境中最易于变化的小面积色彩，像挂画、灯饰、摆件、抱枕、花艺等这些小物品的颜色属于室内的点缀色，往往选用对比色或高纯度色彩来加以表现。虽然点缀色的面积不大，但是却具有很强的表现力（图 3-21 ～图 3-23）。

图3-21　抱枕作为点缀色（一）

图3-22　抱枕作为点缀色（二）

图3-23　黄色作为点缀色

二、色彩的分类与联想

色彩所引起的视觉联想，可以分为具象和抽象两种。

由色彩所引起的抽象联想多为某种概念性的意义。色彩带给人的感受也会因人而异，但据调查，大致有一个约定俗成的统一概念。如白色代表洁白、纯真、神圣等；灰色代表忧郁、绝望、荒废等；红色代表热情、革命、热烈等。

色彩的具象联想往往是由该物质的固有颜色引起的。如白色，会联想到白云等；橙色，会联想到橘子、落日等。由于不同的人所接触的具象不同，就会有不同的色彩联想（图 3-24、图 3-25）。

图3-24　色彩的联想（一）

图3-25　色彩的联想（二）

三、色彩的搭配方式

（一）同类色搭配

同一色相上不同纯度的色彩组合，称为同类色搭配。这样的色彩搭配具有统一和谐的感觉，是最安全也是接受度最高的搭配方式。同色系中深浅变化及其呈现的空间景深与层次，让整体尽显和谐一致的融合之美。但需注意，过分强调单一色调的协调而缺少必要的点缀，很容易让人产生疲劳感（图 3-26、图 3-27）。

图3-26　同类色搭配（一）

图3-27　同类色搭配（二）

（二）邻近色搭配

邻近色搭配是最容易运用的一种色彩方案，也是目前最受人们喜爱的一种色调。这种配色方案是运用在色环上互相接近的两三种颜色，以一种颜色为主，其他颜色为辅的搭配。在运用邻近色搭配时一方面需要把握好两种色彩的和谐；另一方面又要使两种颜色在纯度和明度上有所区别，使之互相融合，取得相得益彰的效果（图 3-28、图 3-29）。

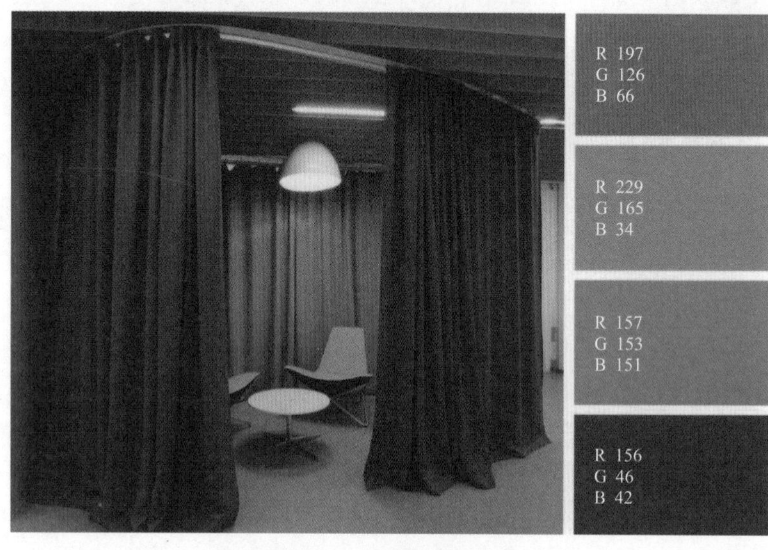

图3-28　邻近色搭配（一）

图3-29　邻近色搭配（二）

（三）对比色搭配

对比型配色的实质就是冷色与暖色的对比，一般在色相环上相距 150 度到 180 度之间的配色效果最为强烈。在同一空间，对比色能制造有冲击力的效果，让房间个性更明朗，但不宜大面积同时使用。当使用对比色搭配时，可以使其中一种颜色占大面积，构成主色调，而另一颜色占小面积，一般会以 7 : 3 或 8 : 2 的比例来分配（图 3-30、图 3-31）。

图3-30　对比色搭配（一）

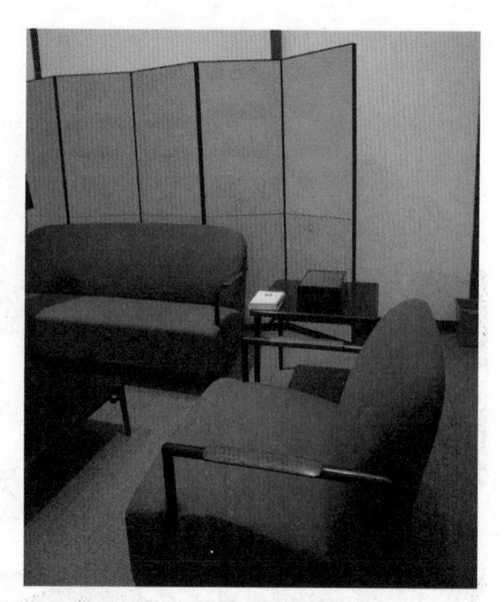

图3-31　对比色搭配（二）

（四）双重对比色搭配

双重对比色即两组对比色同时运用，但四个颜色可能会造成视觉混乱，使用时需注意两组对比色的主次问题，通过一定的技巧进行组合尝试，达到多样化的效果（图 3-32、图 3-33）。

（五）无彩色系搭配

黑、白、灰、金、银五种中性色是无彩色，主要用于调和色彩搭配，突出其他颜色（图 3-34、图 3-35）。其中，金、银是可以陪衬任何颜色的百搭色。软装饰品中此类颜色的物品并不少，将它们搭配在一起别有一番情趣，且极具现代感。

图3-32 双重对比色搭配（一）

图3-33 双重对比色搭配（二）

图3-34 无彩色系搭配（一）

图3-35 无彩色系搭配（二）

（六）自然色搭配

自然色泛指中间色，是所有色彩中弹性最大的颜色。中间色来源于大自然中的事物，如树木、花草、山石、泥沙、矿物，甚至是枯枝败叶。自然色是室内色彩应用之首选，不论硬装设计还是软装设计，几乎都可以以自然色为基调，再搭配其他色彩，从而得到自然和谐的效果（图 3-36、图 3-37）。

图3-36　自然色系搭配（一）

图3-37　自然色系搭配（二）

第二节　软装配色方式及要点

一、配色黄金法则

（一）善用配色法则

在室内的色彩构成中一般都按照 60 ： 30 ： 10 的原则进行色彩比重分配，即主体色、配角色和点缀色（图 3-38、图 3-39）。如将一个空间内的颜色配比可划分为：墙界面占 60%，家具、布艺等占 30%，装饰画和陈设品占 10%，整个空间的颜色就不会显得杂乱无章。尤其是看似占比最小的点缀色，往往起到最重要的强调作用。这样的搭配可以使室内色彩丰富、主次分明，主题突出又不显得杂乱。

图3-38　配色黄金比例

图3-39　客厅配色黄金比例

配色知识小贴士：

空间配色方案要遵循一定的顺序，如：硬装——家具——灯具——窗帘——地毯——床品和靠垫——花艺——饰品。

（二）对比色的应用

适当选择某些强烈的对比色，可以强调和点缀环境的色彩效果。但是对比色的选用应避免太杂，在一个空间里一般选用两至三种主要颜色对比组合为宜（图 3-40、图 3-41）。

图3-40　对比色的应用

图3-41　对比色的应用

（三）白色的调和作用

白色是万能色，如果同一个空间里各种颜色都很抢眼，可以适当加入白色进行调和（图 3-42）。白色可以让所有颜色都和谐起来，同时提高亮度，让空间显得更加开阔，从而弱化空间凌乱感（图 3-43）。

图3-42　白色的调和作用

（四）米色系的暖感

米色系的米白、米黄、驼色、浅咖啡色等都是十分优雅的颜色，米色系和灰色系一样百搭，但灰色很冷，米色则很暖。相比白色而言，米色更加内敛、沉稳（图 3-44 ～图 3-46）。

二、主题色彩配色方法

主题色彩配色是带有明确的装饰主题来进行室内空间环境的设计，可以有效地结合项目的地域、人文和功能等特点进行延伸设计，根据主题选定主题色彩和装饰图案，能够形成更具有深度和内涵的效果。主题色彩的提取及配色灵感来源如下：

图3-43　白色让空间开阔

图3-44　米色系的优雅感体现

图3-45　米色系的温暖体现

图3-46　米色系的质感体现

（一）动物色彩

世界上动物的色彩丰富且绚丽，观察动物的色彩对任何爱好者来说都是上好的体验，对设计师而言更是不可错过的天然学习资料（图 3-47、图 3-48）。

（二）民族服饰色彩

人们在注意到特色民族服饰造型千变万化的同时，还会注意到其鲜艳夺目、层次丰富的色彩，这是学习色彩搭配的“百科全书”（图 3-49）。

图3-47　动物色彩（一）

图3-48　动物色彩（二）

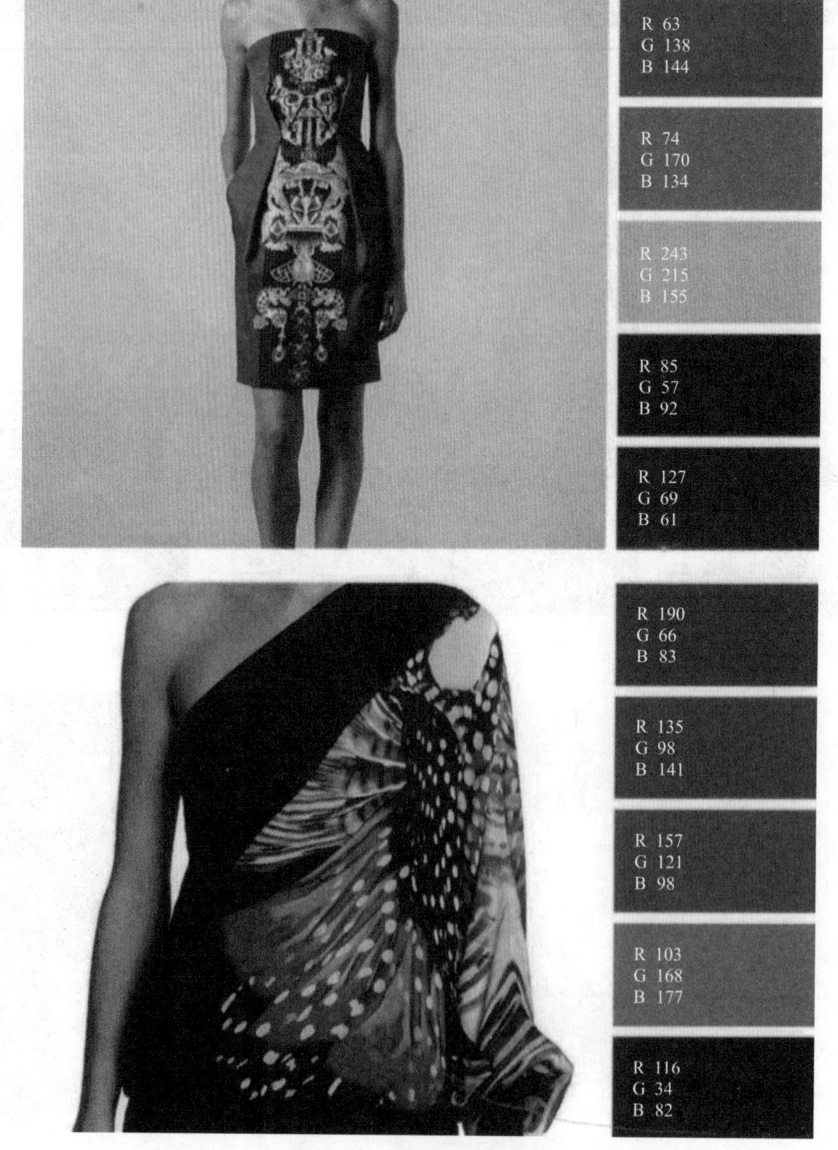

图3-49　民族服饰色彩

（三）纹样色彩

有装饰意味的花纹或图形称为“纹样”。以构图整齐、匀称、调和为特色，多用于纺织品、工艺美术品和建筑物。对室内设计师而言，可以从色彩搭配的角度分析以上所有范畴的纹样，每一个纹样设计的配色和比例把握都是宝贵的学习资料（图 3-50、图 3-51）。

图3-50　纹样色彩（一）

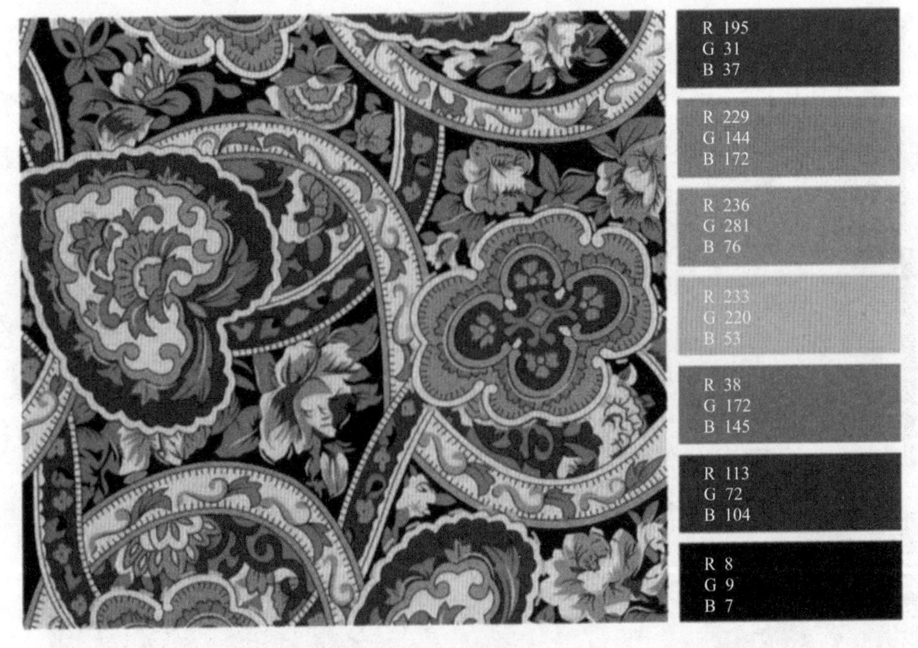

图3-51　纹样色彩（二）

（四）植物色彩

在植物造景因素中，色彩最引人注目，给人的感受也最深刻。从不同的植物花草中提取色彩，观察配色比例，从而将色彩贯穿于室内设计中（图 3-52）。

图3-52　植物色彩

三、配色要点

（一）现代风格主题配色

现代风格主题色彩由黑、白、灰组合搭配，整体风格简洁、纯粹，但给人冰冷的感觉，可以通过点缀暖色饰品予以调和。现代风格的色彩设计通过强调原色之间的对比协调来追求一种具有普遍意义的永恒艺术主题。装饰画、织物的选择对于整体色彩效果也起到点明主题的作用（图 3-53、图 3-54）。

图3-53　现代风格主题色彩（一）

图3-54　现代风格主题色彩（二）

（二）东南亚传统风格主题配色

东南亚传统风格主题色彩以深浅不同的棕色、褐色、深红色和绿色为主，一般取色于自然色，且色彩饱和度高，尤其侧重于深色（图3-55）。东南亚风格的色彩多通过布艺软装来体现，硬装还是偏向于原始且朴素的色彩。广泛地运用木材和其他的天然原材料，如竹子、石材、青铜和黄铜等金属；深木色的家具，局部采用一些金色的壁纸、丝绸质感的布料。

（三）法式田园风格主题配色

法式田园风格多采用淡雅自然的颜色组合，如米白色、奶油色、米黄色、淡棕色、淡蓝色、水粉色和灰色等低纯度的色彩，营造出休闲、宁静和高贵的法式风情（图3-56）。

图3-55　东南亚传统风格主题色彩

图3-56　法式田园风格主题色彩

（四）地中海风格主题配色

地中海风格的最大魅力来自其高饱和度的自然色彩组合，但是由于地中海地区国家众多，出现了很多种配色特色，如西班牙以蔚蓝色和白色为主；希腊以碧蓝色和白色为主；意大利南部以向日葵的金黄色为主；法国南部以薰衣草的蓝紫色为主；北非以沙漠及岩石的红褐、土黄色组合为主（图3-57、图3-58）。

图3-57　地中海风格主题色彩（一）

图3-58　地中海风格主题色彩（二）

（五）中式风格主题配色

古典中式风格以黑、青、红、紫、金、蓝等纯度高的色彩为主，其中以寓意吉祥、雍容华贵的红色最具有代表性。现代中式风格多以深色木墙板搭配同色系浅色新中式家具为主要配色方式（图 3-59）。

图3-59　中式风格主题色彩

本章小节：

软装配色要遵循色彩的基本原理，符合规律的色彩才能打动人心，并给人留下深刻的印象。了解色相、明度、纯度、色调等色彩的属性，是掌握配色原理的第一步。通过对色彩属性的调整，整体配色给人的感觉也会发生改变。

思考与练习题：

1. 色彩在软装设计中充当哪些角色？
2. 色彩有哪些搭配方式？
3. 查阅相关资料，了解各类设计风格的色彩搭配方案。
4. 根据平面图（图3-60）选择居住空间中某一场景进行配色训练，分析并提炼空间场景中的背景色、主体色、配角色和点缀色。

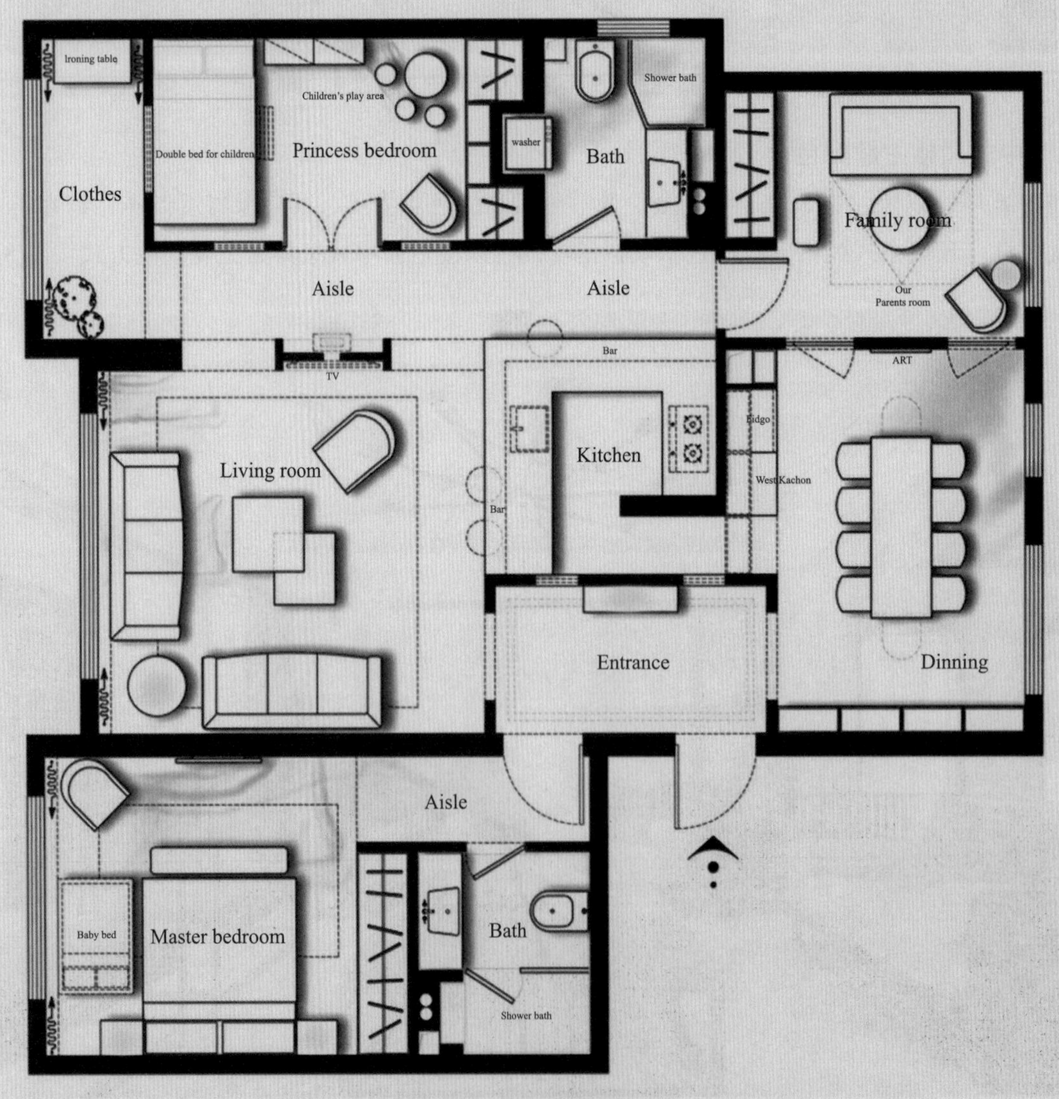

图3-60　居住空间平面图

第四章

软装设计元素

导　　论：了解软装设计元素的基本概念，熟悉软装设计元素的配置原则，通过本章节的学习在进行软装设计时能找到适合设计主题的元素，保证设计主题所指引的最终效果得以实现。

教学方法：运用多媒体教学手段，通过图片、PPT 课件、设计案例的讲解分析进行辅助教学，增加学生对软装设计元素细节的认识和理解。

建议学时：24 学时。

第一节　家具

家具是软装艺术设计中的一个重要组成部分，与室内环境形成有机的整体；然而它又是一个相对的专业产品，存在于各个领域之中。作为一名优秀的软装设计师，专业的家具产品知识是在其设计工作中不可缺少的一部分（图 4-1、图 4-2）。

图4-1　家具与环境空间

一、家具的分类

（一）根据功能分类

根据家具功能可分为坐卧性家具（图 4-3）、贮存性家具（图 4-4）、凭倚性家具、陈列性家具（图 4-5）、装饰性家具（图 4-6）。

（二）根据结构形式分类

根据家具结构形式可分为框架结构家具、板式家具、拆装家具、折叠家具、冲压式家具、充气家具、多功能组合家具。

（三）根据使用材料分类

根据家具使用的材料可分为木、藤、竹质家具（图 4-7）、塑料家具（图 4-8）、金属家具（图 4-9）、石材家具、复合家具。

图4-2　客厅家具

图4-3　坐卧性家具

图4-4　贮存性家具

图4-5　陈列性家具

图4-6　玄关装饰性家具

图4-7　木制家具

图4-8　塑料家具

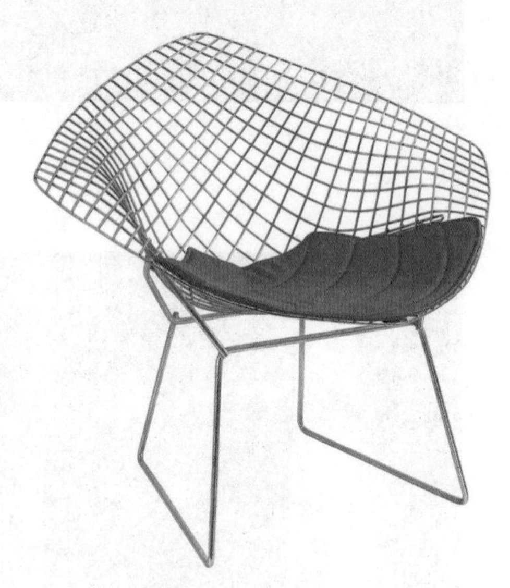

图4-9　金属家具

二、家具设计风格

（一）巴洛克式家具

巴洛克式家具的样式多雄浑厚重，在运用直线的同时也强调线形流动变化的特点，用曲面、波折的家具样式，具有过多的装饰和华美的效果，色彩华丽且用金色予以协调，构成室内庄重华丽的气氛（图4-10、图4-11）。

巴洛克式家具利用多变的曲面，采用花样繁多的装饰做大面积的雕刻、贴面、涂漆处理；坐卧类家具则大量运用布料包裹，决定了其高档的市场定位（图4-12、图4-13）。巴洛克式家具比较适合高档酒店的大厅、别墅、高档公寓等，面向的消费群体多属高消费人群。

图4-10　巴洛克式家具（一）

图4-12　巴洛克式家具（二）

图4-11　巴洛克式家具（三）

图4-13　巴洛克式家具（四）

（二）洛可可式家具

洛可可式家具的色彩较为柔和，米黄、白色是其主色。在造型上以曲线为主，表现出优美、娇柔和浪漫的形态，家具的腿部采用纤细的卡布里弯腿，并且以涡卷形脚结束。在家具的饰面上以蜿蜒反复的曲线纹饰，创造出一种非对称的、富有动感的、自由奔放而又纤巧精美、华丽繁复的装饰样式，深受女性消费者的喜爱（图4-14、图4-15）。

（三）美式家具

美式家具的用料以桃花心木、樱桃木、枫木及松木为主，家具表面精心涂饰和雕刻，风格精致而大气，涂饰上多采取做旧处理（图4-16、图4-17）。通过良好的木质造型、雕饰纹路和细腻高贵的色调，传达了单纯、休闲、多功能的设计思想，现代美式家具更注重功能性和实用性。

图4-14 洛可可式家具（一）

图4-15 洛可可式家具（二）

图4-16 美式家具

图4-17 美式餐桌

（四）北欧风格家具

北欧风格家具以实用为主，着重考虑产品的构造、材料的选择、功能的表现，多以简洁线条展现质感，具有浓厚的后现代主义特色，注重流畅的线条。在设计上不使用雕花、纹饰，代表了一种回归自然、崇尚原木韵味的设计风格（图4-18、图4-19）。

（五）地中海家具

地中海风格的基础是明亮、大胆、色彩丰富，将绚丽多姿的色彩融汇在一起。地中海家具以其极具亲和力的田园风情、柔和的全饱和色调及大气的组合搭配，在全世界掀起一阵地中海旋风，给人以休闲、浪漫、自由的感觉，符合追求高品质、浪漫生活的小资情调（图4-20、图4-21）。

图4-18　北欧风格家具（一）

（六）中式家具

中式家具主要分为明式家具和清式家具。明式家具主要看线条和柔美的感觉，清式家具主要看做工（图4-22、图4-23）。传统意义上的中式家具取材非常讲究，一般以硬木为材质，如鸡翅木、海南黄花梨、紫檀、非洲酸枝、沉香木等珍稀名贵木材，此类中式家具成本高，价格昂贵，集艺术价值与收藏价值于一身，适合具有经济条件和文化内涵的学者及中老年人群。

图4-19　北欧风格家具（二）

图4-20　地中海风格家具（一）

图4-21　地中海风格家具（二）

图4-22　中式风格家具（一）

图4-23　中式风格家具（二）

（七）现代意大利家具

先进的成型技术使意大利家具设计创造出了一种更富个性和表现力的风格。家具采用庄重而艳丽的色彩，展示出新的风格，做工精良完美。同时，意大利本土化的现代产品设计更具有原创力和想象力，让世人真切感受到创意的惊喜，使生活被赋予不同的定义，适合所有向往高端生活享受的人群（图4-24、图4-25）。

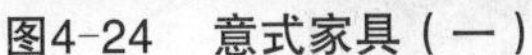

图4-24　意式家具（一）

图4-25　意式家具（二）

三、家具在室内环境中的作用

（一）明确使用功能，识别空间性质

家具是空间实用性质的直接表达者，家具的组织和布置也是空间组织使用的直接体现，如沙发对空间的围和作用是对室内空间组织、使用的再创造（图4-26、图4-27）。

良好的家具设计和布置形式，能充分反映使用的目的、规格、等级、地位以及个人特点，从而赋予空间一定的环境品格。

（二）分隔、组织空间

为了提高空间的使用效率，增强室内空间的灵活性，常用家具作为隔断，将室内空间分隔为若干个空间（图4-28）。特点是灵活方便，可随时调整布置方式，不影响空间结构形式，但私密性较差（图4-29）。通过对室内空间中所使用家具的组织，可将室内空间分成几个相对独立的部分，可使较凌乱的空间在视觉和心理上成为有秩序的空间。室内交通组织的优劣，全依赖于家具布置的得失，同时，布置还应当考虑处理好与出入口之间的关系。

（三）调整和填补空间

室内空间由于硬装或家具布置不当会使室内整体构图失去均衡，而通过调整家具的摆放位置可以取得构图上的均衡（图4-30）。

图4-26 沙发形成的围和感

图4-27 家具对空间的组织

图4-28　家具的分隔作用

图4-29　家具对空间的划分

图4-30　家具的填充作用

（四）定位情调，营造氛围

家具除了要满足人的使用要求外，还要满足人的审美要求，也就是说它既要让人们使用起来舒适、方便，又要使人赏心悦目。通过布置不同的家具，可陶冶审美情趣，反映文化底蕴，形成特定的气氛。

图4-31　家具对空间氛围的营造

家具以其特有的体量与面积、造型、色彩对室内的空间气氛造成影响。可见，家具在环境和情调的创造中担任重要的角色（图 4-31）。

成为视觉焦点的家具陈设，往往是特指那些极具装饰性、艺术性、地域性的单品家具和现代设计师们设计的个性独特的家具，它们或以历史的沉淀，或以造型的优美，或以色彩的斑斓而成为室内环境中视觉的焦点，在室内环境设计中往往被放置在视觉的中心点上。

四、家具的选用及布置原则

（一）家具布置与空间的关系

家具的布置首先应满足使用上的需要，用户在空间的活动需求决定了家具的布置方式和形态；家具布置方式应充分考虑空间条件的限制。

（1）位置合理。

（2）方便使用、节约劳动。

（3）丰富空间、改善空间。

（4）充分利用空间。

（二）家具形式与数量的确定

对室内装修风格的表现，家具的形式起着很重要的作用，其选择取决于室内功能需要和个人的爱好及情趣。家具的数量取决于空间的使用要求和空间的面积大小，一般家具面积不宜占室内总面积过大，像客厅、餐厅等，更宜留出较多的空间（图 4-32、图 4-33）。

图4-32　面积较大客厅的家具布置

图4-33 面积中等客厅的家具布置

（三）家具布置的基本方法

（1）从家具在空间中的位置可分为以下 4 种：周边式、岛式、单边式、走道式。

（2）从家具布置与墙体的关系可分为以下 3 种：靠墙布置、垂直于墙面布置、临空布置。

（3）从家具布置格局可分为以下 3 种：对称式、非对称式、集中式。

五、不同空间的家具选择与搭配

家具的实用性最重要，它直接决定了人们能否生活得舒适自在。精挑细选的家具、慎重考虑过的摆放位置和摆放方式能提高居住者的生活品质，相反，不科学的设计会在很大程度上限制人们的生活方式。

（一）玄关

玄关的面积相对较小，常见的玄关家具有鞋柜、换鞋凳、玄关几、衣帽柜等（图 4-34、图 4-35）。

图4-34 玄关区换鞋凳（一）

图4-35 玄关区换鞋凳（二）

一般来说玄关处最主要的家具就是鞋柜，要根据玄关的面积确定鞋柜的大小，保留足够的空间供人员出入通行。同时，如果玄关面积够大，为了更好强调装饰效果，可以摆放玄关桌，让玄关空间显得更加雅致，体现富丽之感（图 4-36、图 4-37）。

图4-36　玄关桌

图4-37　玄关对空间氛围的营造

（二）客厅

客厅是日常生活中使用最为频繁的功能空间，是会客、娱乐、家庭成员聚谈的主要场所。客厅软装家具包括沙发、茶几、角几、电视柜、收纳柜等（图 4-38、图 4-39）。无论空间是大还是小，规则还是不规则，客厅家具的搭配布置都需要精心规划，这样才能巧妙地利用每寸空间，打造舒适的客厅环境，如适合小户型的一字形布置，适合中户型的 2+1 沙发布置，适合交流的围和型布置等（图 4-40 ～图 4-42）。

图4-38　客厅一字形沙发

图4-39　客厅茶几和角几

图4-40　适合小户型客厅的一字形布置

图4-41　适合中户型 2+1 沙发布置

图4-42　适合交流的围和型布置

（三）餐厅

餐厅的布置取决于各个家庭不同的生活习惯与用餐习惯。一般主要是餐桌和餐椅（图 4-43 ～图 4-46），也会设有酒柜、吧台等以满足高品质生活需求（图 4-47）。

餐厅家具的摆放在设计之初就要考虑到位。餐桌的大小和餐厅的空间比例一定要适中，要注意留出人员走动的动线空间，距离根据具体情况而定，一般控制在 700mm 左右。

图4-43　长方形餐桌的餐厅布置（一）

图4-44　长方形餐桌的餐厅布置（二）

图4-45　圆形餐桌的餐厅布置（一）

图4-46　圆形餐桌的餐厅布置（二）

图4-47　餐边柜

（四）卧室

卧室是室内空间中最为私密的地方，主要功能是休息睡眠并兼具储物的功能。卧室家具一般包括床、衣柜、梳妆台、电视柜和床头柜，大一点的卧室还可摆放床尾凳、在床边窗户下放置休闲的贵妃椅或者茶几和小圈椅（图 4-48、图 4-49）。

（五）书房

书房作为阅读、书写及业余学习、研究工作的场所，是为个人而设的私密空间，最能表现居住者的习性、爱好、品位和专长（图 4-50）。书房的家具除了书柜、书桌、椅子外，兼具会客功能的书房还可以配沙发与茶几。

书房家具在摆设上可以因地制宜，灵活多变。在一些小户型的书房中，将书桌设计在靠墙的位置是比较节省空间的，而且实用性也更强。但在大户型的书房中将书桌居中摆放会显得更加大方得体（图 4-51）。

图4-48　带床尾凳的卧室布置

图4-49　带休闲椅和茶几的卧室布置

图4-50　书房家具选配

图4-51　书桌居中摆放的书房布局

第二节　布艺织物

室内布艺是指以布为主要材料，经过艺术加工达到一定的艺术效果与使用条件，满足人们生活需求的纺织品。室内布艺包括窗帘、地毯、抱枕、床上织品等。在软装饰中布艺材料造型方法多样，其柔铺性为我们造型设计提供了便利。别出心裁的布艺足以融化室内空间生硬的线条，营造出或清新自然，或典雅华丽，或浪漫温馨的氛围（图 4-52 ～图 4-54）。

图4-52　布艺装饰对空间风格的营造

图4-53　床品布艺

图4-54　窗帘沙发布艺

一、布艺织物的分类

（一）窗帘

传统意义上，窗帘的作用是装饰、遮光、避风沙、降噪、防紫外线等，随着大众生活水平的提高，不仅对窗帘的功能提出了更高的要求，还要求它能准确地表达设计风格，营造美好的居住环境（图 4-55、图 4-56）。因此，窗帘应依据不同空间特性及室内采光条件进行选择，采光不好的空间可用轻质、透明的纱帘，以增强室内采光；光照强烈的室内空间应用厚实、不透明的绒布窗帘，以遮挡室外强光。

图4-55　卧室窗帘（一）

图4-56　卧室窗帘（二）

1. 窗帘的形式与种类

（1）平拉帘。

平拉帘也称开帘，是一种最普通的窗帘式样，分为单侧平拉式和双侧平拉式（图 4-57、图 4-58）。

图4-57　单侧平拉帘

图4-58　双侧平拉帘

（2）掀帘。

掀帘是在窗帘中间系一个绳结起装饰作用，窗帘可以掀向一侧，也可以掀向两侧，形成柔美的弧线（图 4-59、图 4-60）。

图4-59　掀帘

图4-60　不对称掀帘

（3）罗马帘。

罗马帘是一种层层叠起的窗帘，在窗帘完全放下时，是一幅平整的大布块，当拉起时，随窗帘的升高平整自然地对折，产生立体的感觉，其特点是具有独特的美感和装饰效果，层次感强，有极好的隐蔽性（图4-61～图4-63）。

（4）卷帘。

卷帘是一种帘身平直，由可转动的帘杆将帘身收放的窗帘。多以竹编和藤编为主，具有浓厚的乡土风情和人文气息（图4-64、图4-65）。

图4-61　罗马帘（一）

图4-62　罗马帘（二）

图4-63　罗马帘（三）

图4-64　卷帘

图4-65　竹编卷帘

（5）绷窗固定帘。

绷窗固定帘上下分别套在两个窗轨上，然后将帘轨固定在窗框上，可以平拉展开，也可用绳结在中间系住，也适用于办公室或卫生间的玻璃门上（图4-66、图4-67）。

图4-66　绷窗固定帘（一）

图4-67　绷窗固定帘（二）

2. 窗帘的选用设计要素

（1）空间的整体效果。

窗帘的设计主要就是讲究“统一性”，即窗帘的色调、质地、款式、花型等必须与房间内的家具、墙面、地面、天花板等相协调，形成统一、和谐的整体美（图 4-68、图 4-69）。

图4-68　窗帘与空间的统一性（一）

图4-69　窗帘与空间的统一性（二）

窗帘的组成有帘身、帘头、帘旗和绑带（图 4-70、图 4-71）。

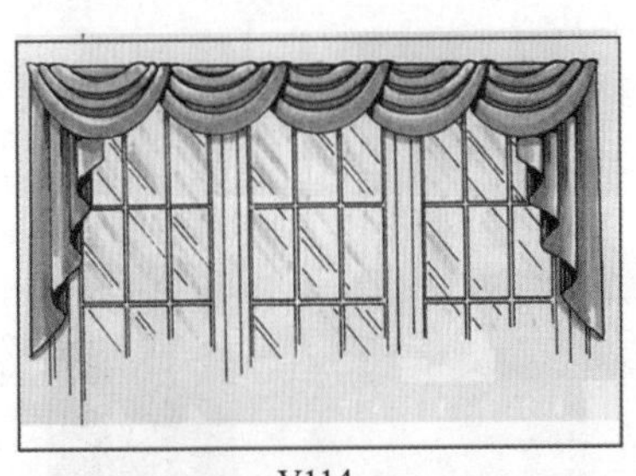

V114

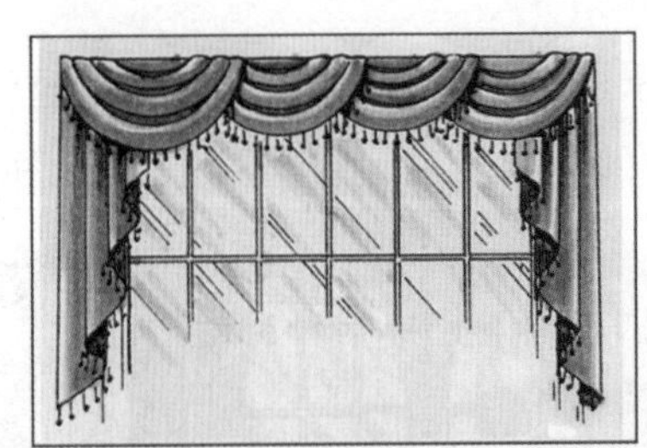

V115

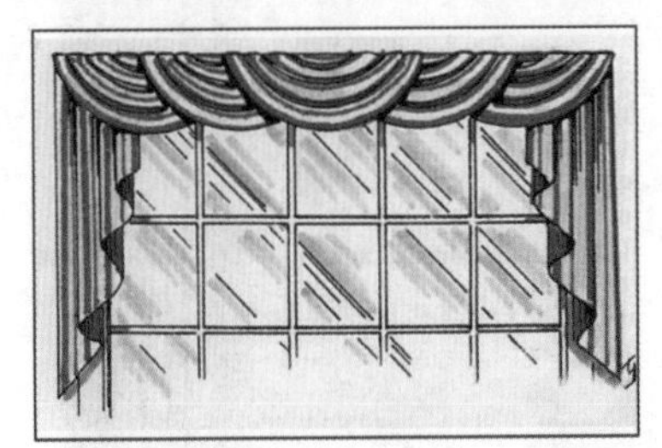

V116

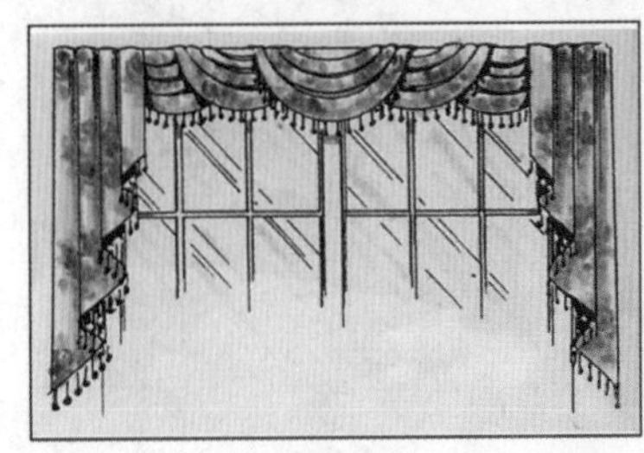

V117

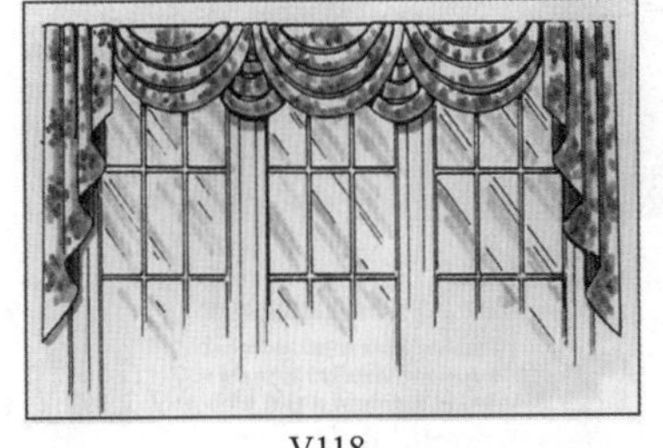

V118

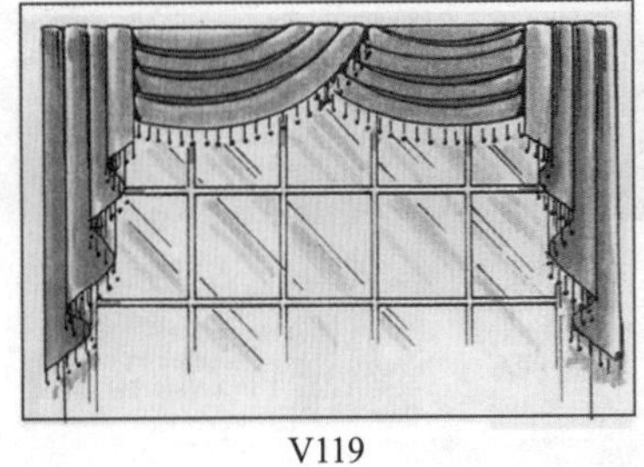

V119

图4-70　窗帘的帘头造型

图4-71　窗帘绑带

（2）窗户的造型。

根据不同窗型来搭配选购合适的窗帘，达到“量体裁衣”的效果，这需要设计师具备深厚的功底，常见的有落地窗、飘窗、转角窗的搭配设计。

落地窗：常见于客厅、卧室等处所，多为窗框和门框连为一体的造型。这类窗型的窗帘一定要遵从大气原则，简约的裁剪、单一且雅净的色调能为落地窗帘达到大气的效果加分，同时选择垂直线条能增加空间的整体纵深感（图 4-72、图 4-73）。

图4-72　落地窗窗帘造型（一）

图4-73　落地窗窗帘造型（二）

飘窗：多见于卧室、书房、儿童房等空间，为方便人们靠坐阅读需要，对窗帘的控光效果要求较高，一般以使用一层主帘、一层纱帘的双层窗帘为宜（图 4-74、图 4-75）。

图4-74　飘窗窗帘造型（一）

图4-75　飘窗窗帘造型（二）

转角窗：一般有 L 形、八字形、U 形、Z 形等类型，转角处有墙体或窗柱的八字形窗采用多块落地帘分隔比较合适，使用和拆卸也较方便。

（3）窗帘的式样和尺寸。

根据窗形的不同，要选用与之相宜的窗帘，即根据落地窗、飘窗、齐腰窗的高度、宽度，确定窗帘式样（平拉帘、掀帘、罗马帘）以及尺寸（垂地、齐地、半截式）（图 4-76 ～图 4-78）。

图4-76　垂地式

图4-77　齐地式

图4-78　半截式

（4）窗帘的花色图案。

根据室内装饰的整体风格，选用与之匹配的窗帘花色和图案（图 4-79、图 4-80）。

图4-79　窗帘花色图案（一）

图4-80　窗帘花色图案（二）

知识小贴士：选择窗帘之前的 10 个疑问

（1）房间的功能是什么？用这个房间干什么？

（2）该房间主要在一天中的哪个时段会被用到？

（3）窗户的形状和排列是怎样的？需不需要对其进行改动或者进行封闭？

（4）您偏爱哪个风格？想要营造出那种氛围？

（5）什么颜色和布料让您觉得舒适？墙壁是什么颜色？

（6）您喜欢风格统一，还是注重对比和变化？

（7）您希望用窗帘杆、滑轨或拉绳哪种式样？

（8）窗帘头怎么设计？

（9）窗帘需要加衬里吗？

（10）窗帘需要装绑带吗？

（二）地毯

地毯是室内铺设类布艺制品，广泛用于室内装饰，主要用于地面铺设。地毯具有增强安全性、改善触感、吸附空气中尘埃颗粒等作用，还能起到美化空间的效果，地毯以强烈的色彩、柔和的质感，给人带来宁静、舒适的优质生活感受，创造安宁美观的室内气氛（图 4-81、图 4-82）。

图4-81　地毯营造的温馨空间

图4-82　地毯营造的舒适空间

1. 地毯材质分类

根据不同的材质和风格，可将地毯分为不同种类。

按材质分类有：纯毛地毯、真皮地毯、化纤地毯、真丝地毯、塑料橡胶地毯、藤麻地毯、塑料橡胶地毯、真丝地毯等（图 4-83、图 4-84）。

图4-83　各类材质的地毯（一）

图4-84　各类材质的地毯（二）

（1）纯羊毛地毯。

纯羊毛地毯采用天然纤维手工织造而成，抗静电性很好，隔热性强，不易老化、磨损、褪色，是高档的地面装饰材料。不足之处是抗潮湿性较差，容易发霉，空间内需保持良好的通风和干燥，而且要经常进行清洁。纯羊毛地毯图案精美，色泽典雅，多用于高级住宅、酒店和会所的装饰，价格较贵，可使空间呈现出华贵、典雅的气氛（图 4-85、图 4-86）。

图4-85　纯羊毛地毯（一）

图4-86　纯羊毛地毯（二）

（2）真皮地毯。

真皮地毯一般指皮毛一体的真皮地毯，如牛皮、马皮、羊皮等（图 4-87）。真皮地毯有收藏价值，且价格昂贵，但不利于动物保护，建议用人造皮毛替代。

图4-87　真皮地毯

（3）合成纤维地毯。

合成纤维地毯也称为化纤地毯，分为尼龙、丙纶、涤纶和腈纶四种。我们最常见的是尼龙地毯，它的最大特点是耐磨性强，同时克服了纯毛地毯易腐蚀、易霉变的缺点；它的图案、花色近似纯毛，但阻燃性、抗静电性相对又要差一些。

（4）藤麻地毯。

藤麻地毯是乡村风格最好的烘托元素，是一种具有质朴感和清凉感的材质，用来呼应曲线优美的家具、布艺沙发或者藤制茶几，尤其适合乡村、东南亚、地中海等亲近自然的风格（图 4-88）。

（5）塑料橡胶地毯。

塑料橡胶地毯又称作疏水毯，具有防水、防滑、易清理的特点，常置于商场、宾馆、住房大门口及卫浴间。

（6）真丝地毯。

真丝地毯价格昂贵，国内极少有生产与销售。多以手工制作为主，以小亚细亚地区出产的最为出色。

图4-88　藤麻地毯

2. 地毯风格分类

按风格分类有：现代风格地毯、东方风格地毯、欧式风格地毯等。

（1）现代风格。

多采用几何、花卉、风景等图案，具有较好的抽象效果和简约时尚的居住氛围，在深浅对比和色彩对比上与现代家具有机结合（图 4-89、图 4-90）。

图4-89　现代风格地毯（一）

图4-90　现代风格地毯（二）

（2）东方风格。

东方风格地毯图案往往具有装饰性强、色彩优美、民族地域特色浓郁的特点。比如梅兰竹菊、岁寒三友、五福图、平安吉祥等题材，配以云纹、回纹、蝙蝠纹等图案，多与传统的中式明清家具相配（图 4-91、图 4-92）。

（3）欧式风格。

多以大马士革纹、佩斯利纹、欧式卷叶、动物、建筑、风景等图案构成，立体感强、线条流畅、节奏轻快、质地醇厚的画面，非常适合与西式家具相配套，能打造西式家庭独特的温馨意境和不凡效果（图4-93、图4-94）。

图4-91 东方风格回字纹地毯

图4-92 东方风格地毯

图4-93 欧式风格地毯（一）

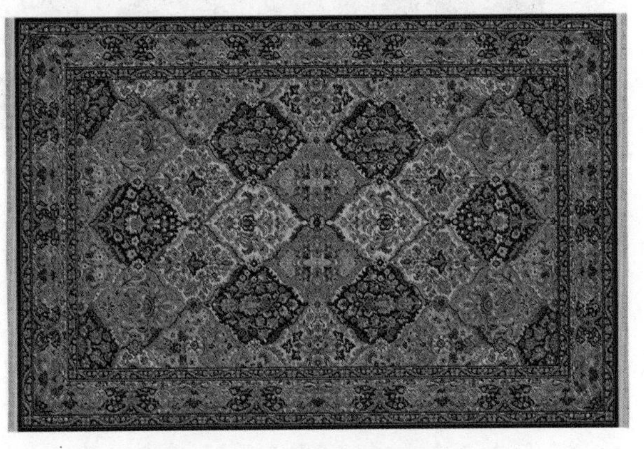

图4-94 欧式风格地毯（二）

3. 地毯的设计选用要素

软装设计师在选择地毯时，主要从整体效果入手，与室内的环境氛围、装饰格调、色彩效果、家具样式、墙面美化、灯具配置等相和谐，以不破坏空间整体艺术效果为前提，起到烘托空间气氛和连接室内空间构图的作用。

（1）根据地毯铺设的空间位置，考虑地毯的功能性和舒适度，以及防静电、耐磨、防燃、防污等方面因素，购买地毯时应注意室内空间的功能性。

（2）地毯的大小根据空间大小和装饰效果而定（图 4-95、图 4-96）。

图4-95　根据空间大小选择地毯

图4-96　根据家具位置摆放地毯

（3）地毯的图案及色泽需要根据室内风格确定，基本上应该延续窗帘的色彩和元素（图 4-97、图 4-98）。

图4-97　地毯的花色与空间其他布艺的呼应

图4-98　地毯色彩与家具的呼应

知识小贴士：

地毯尺寸与户型、空间、沙发和餐台大小的匹配

（1）客厅地毯的长宽根据沙发组合后的长宽作为参考。

地毯长度 = 最长沙发的长度 + 茶几长度的一半为佳

面积在 $20m^2$ 以上的客厅，地毯不小于 1.6m×2.3m 大小

（2）餐桌下的地毯不小于餐桌的投影面积，以餐椅拉开后能正常放置餐椅为最佳（图 4-99）。

（3）卧房的床前、床边可在床脚压放较大的方毯，长度以床宽加床头柜一半长度为佳。

图4-99　餐桌区域的地毯

（三）抱枕

抱枕是沙发和床的附件，可以调节人的坐、卧、靠姿，来减轻疲劳，并具有其他物品不可替代的装饰作用。靠枕的形状以方形和圆形为主，多用棉、麻、丝和化纤等材料，采用提花、印花和编织等制作手法，图案自由活泼，它的色彩及质料与周围环境的对比，能使室内软装陈设的艺术效果更加丰富（图 4-100、图 4-101）。

图4-100　抱枕

图4-101　各种花色的抱枕

抱枕的种类很多，若以缝边来区分，可以分为须边、荷叶边、内缝边、绲边及发辫边等，除了材质、图案外，通过抱枕边也可判断抱枕应该摆放的位置与搭配类型，以及主人的性格喜好。一般而言，须边、发辫抱枕适合搭配古典家具，荷叶边适合搭配乡村风味的家具（图 4-102、图 4-103）。

图4-102 荷叶边抱枕

图4-103 流苏抱枕

（四）床上用品

床是卧室布置的主角，床上布艺在卧室的氛围营造方面具有不可替代的作用（图 4-104、图 4-105）。床品除了具有营造各种装饰风格的作用外，还具有适应季节变化、调节心情的作用。床上用品包括床盖、床裙、床旗、床幔等，也包括覆盖床体的纺织品，其主要是为人在床上休息睡眠时提供防寒、遮体、防尘等保护以及身体部位的衬托作用。

图4-104 花卉图案床品设计

图4-105 抽象图案床品设计

1. 床上用品的常规规格

现今，市场上有各种样式和图案的整套床上用品，给软装饰设计提供了很大的便利，一般规格床上用品常规尺寸分为单人床规格、普通双人床规格和加大双人床规格三类，见表 4-1。

2. 床上用品的套件数

床上用品包括四件套、五件套、六件套、九件套等，具体内容如下：

四件套：枕套 2 个，被套 1 个，床罩或床单 1 个；

五件套：枕套 2 个，被套 1 个，床罩或床单 1 个，冷气被芯 1 个；

六件套：枕套 2 个，被套 1 个，床罩 1 个，冷气被芯 1 个，床罩护垫 1 个；

表 4-1 床上用品常规尺寸

类型 Type	床尺寸 Bed Size	被套尺寸 Quilt Cover Size	床单尺寸 Sheet Size	枕套尺寸 Pillow Cover Size
单人床 （Single Bed）	2m × 1.2m	160cm × 200cm	200cm × 230cm	48cm × 74cm
普通双人床 （Twin Bed）	2m × 1.5m	200cm × 230cm	245cm × 250cm	48cm × 74cm
双人加大床 （Extra Twin Bed）	2m × 1.8m	220cm × 240cm	245cm × 270cm	48cm × 74cm

注：床上靠枕常规尺寸一般为：50cm × 50cm 或 60cm × 60cm

九件套包括：枕套 2 个，长枕套 1 个，被套 1 个，床罩 1 个，冷气被芯 1 个，床罩护垫 1 个，抱枕套 1 个，抱枕芯 1 个。

3. 不同风格床品特点

（1）欧式风格床品。

欧式风格床品总是给人舒适的感觉，多采用大马士革、佩兹利图案，风格上大方、庄严、稳重，做工精致。欧式风格的枕头要多层摆放，增加舒适和豪华的感觉，并采用天鹅绒、真丝、羊绒这些贵重的面料衬托出古典的高贵感。这种风格的床品色彩与窗帘和墙面色彩应高度统一或相互补充（图 4-106）。

图4-106 欧式风格床品

（2）中式风格床品。

中式风格床品多选择丝绸材料制作，中式团纹和回纹元素都适合此风格，中式风格也会以中国画作为床品的设计图案，尤其在喜庆时候采用的大红床组是中式风格最明显的表达（图 4-107）。

（3）田园风格床品。

田园风格床品同窗帘一样，都由自然色和含有自然元素图案的布料制作而成，款式以简约为主，尽量不要有过多的装饰（图 4-108）。

（4）现代风格床品。

现代床品风格造型简约，色彩方面以简洁、纯粹的黑、白、灰和原色为主，不再过多地强调复杂的工艺和图案设计，图案多为素色或是几何、点、线、面的处理（图 4-109、图 4-110）。

图4-107　中式风格床品

图4-108　田园风格床品

图4-109　现代风格床品（一）

图4-110　现代风格床品（二）

知识小贴士：

选择床品需注意的要点

（1）床品布艺选择吸汗且柔软的纯棉质布料，纯棉布料有利于汗腺“呼吸”和身体健康，触感柔软，十分容易营造睡眠气氛。

（2）床品的花色和色彩要搭配窗帘和地毯，不要独立存在，即使是设计成撞色风格，色彩也要有一定呼应。

二、布艺织物的图案

对于家用纺织品的图案，既可以单纯看成是一种图形和色彩的构成，是题材、元素、构图、手法的综合，也可以从中解读到历史蕴涵、文化沉淀、技术营造、艺术流派的变迁等。

每一个成功的图案设计，都是在特定的历史背景、技术限制和市场需求下，准确地传达出那一时期设计的情调、艺术的品位、时尚的概念，反映出消费者的不同需求（图 4-111 ～图 4-113）。

图4-111　多彩多样的布艺图案

图4-112　家具上的图案

图4-113　窗帘上的图案

（一）佩兹利图案

佩兹利是辨识度最高的植物装饰纹案之一，是一种由圆点和曲线组成的华丽纹样，状若水滴。“水滴”内部和外部都有精致细腻的装饰细节，曲线和中国的太极图案有点相似。佩兹利图案的由来和波斯文化、古印度文化密不可分，设计源自印度的菩提树叶、海藻树叶和芒果树叶，这些树叶都有“生命”的象征意义，作为装饰图案在建筑、雕塑、服装和饰物中都有应用（图4-114、图4-115）。

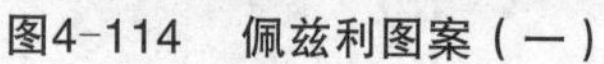

图4-114　佩兹利图案（一）

图4-115　佩兹利图案（二）

佩兹利图案的外形细腻、繁复、华美，具有古典主义气息，寓意吉祥美好，绵延不断，较多地运用于欧式风格设计中。

（二）莫利斯图案

莫利斯图案以银莲花、莨菪叶、雏菊、郁金香、葡萄树等植物的花朵、叶子、藤蔓与鸟纹等构成图案，具有布局细密、图形对称、叶形舒展、花型饱满、鸟禽灵动、配色雅致的特点（图4-116）。

图4-116　莫利斯图案

（三）大马士革图案

大马士革花纹设计元素源于一种地中海植物——莨苕。莨苕叶片具有起伏的节奏，纹样富有装饰性和流动感。其在流传过程中受丝绸之路中国格子布、花纹布影响，经西方宗教艺术影响得到了更加繁复、高贵和优雅的演化，风靡于宫廷、皇室、教会等上层社会，是欧洲风格布艺的最经典纹饰，带有一种帝王贵族的气息，也是一种显赫地位的象征（图 4-117、图 4-118）。

图4-117　大马士革图案（一）

图4-118　大马士革图案（二）

（四）卷草纹图案

卷草纹盛行于中国唐代又名唐草纹，多取忍冬、荷花、兰花、牡丹等花草，经处理后作“S”形波状曲线排列形成二方连续图案。卷草纹根据装饰位置的不同，可成直角、转角，也可成圆弧、弧形，可长可短，可方可圆，变化无穷，成为应用最为广泛的边饰纹样之一（图 4-119、图 4-120）。

图4-119　卷草纹图案（一）

图4-120　卷草纹图案（二）

（五）中式回纹图案

以四方连续组合的中式回纹图案是中国古人从自然现象中获得灵感而用在陶器和青铜器上做装饰的纹样。它是由横竖短线折绕组成的方形或圆形的回环状花纹，形如“回”字，所以称作回纹。回纹是被民间称为“富贵不断头”的一种纹样，后世赋予它诸事深远、绵长的意义（图 4-121、图 4-122）。

图4-121　中式回纹图案抱枕

图4-122　中式回纹图案窗帘

三、布艺织物的面料

（一）棉型织物

棉型织物是指以棉纱线或棉与棉型化纤混纺纱线织成的织品。其透气性好、吸湿性好、保暖、柔和，是实用性强的大众化面料。可分为纯棉制品、棉的混纺两大类（图 4-123）。

图4-123　棉型织物床品

（二）麻型织物

以大麻、亚麻、苎麻、黄麻、剑麻、蕉麻等各种麻类植物纤维纺织而成的纯麻织物及麻与其他纤维混纺或交织的织物统称为麻型织物。它的优点是强度极高、吸湿、导热、透气性甚佳；它的缺点则是手感不甚舒适，外观较为粗糙、生硬。麻型织物可分为纯纺和混纺两类（图 4-124）。

（三）丝型织物

是纺织品中的高档品种。主要指由桑蚕丝、柞蚕丝、人造丝、合成纤维长丝为主要原料的织品。具有薄轻、柔软、滑爽、高雅、华丽、舒适的优点。不足则是易生折皱，易静电吸附、不够结实、褪色较快（图 4–125）。

图4–124　麻型织物

（四）毛型织物

是以羊毛、兔毛、骆驼毛、毛型化纤为主要原料制成的织品，一般以羊毛为主，属于高档面料，具有弹性好、抗皱、耐用耐磨、保暖性强、舒适美观、色泽纯正等优点，但清洁洗涤较为困难（图 4–126）。

图4–125　丝型织物床品

图4–126　毛型织物

（五）化纤织物

它是利用高分子化合物为原料制作而成的纤维纺织品。通常它分为人工纤维与合成纤维两大门类。

化纤面料以其牢度大、弹性好、挺直、耐磨耐洗而受到人们的喜爱；缺点则是耐热性、吸湿性、透气性较差，遇热容易变形，易产生静电。

（六）裘革

裘革是带有毛的皮革，在软装饰设计中，为突出视觉效果，经常被采用（图 4–127、图 4–128）。

图4-127　裘革地毯（一）

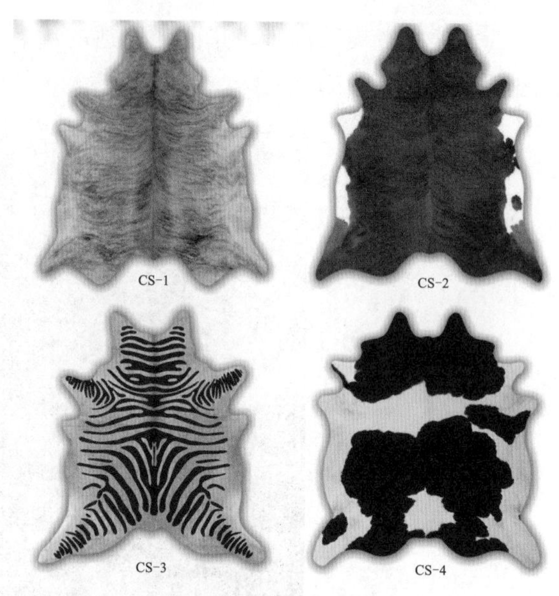

图4-128　裘革地毯（二）

（七）皮革

天然皮革的特点是柔软、透气、耐磨、强度高，具有高吸湿性和透水性的优点，特别是在天然皮革上面有天然的粒纹，都是独一无二的。但皮革表面强度较差，不易修补。

（八）仿皮

仿皮也称人造革，用树脂原料和其他助剂组成的混合物，经过一定的加工处理获得的一种类似天然革的材料，目前较广泛采用的树脂原料为聚氯乙烯 PVC 树脂和聚氨酯 PU 树脂。

其优点为质量轻、易加工、耐磨、价廉；缺点是透气性差，低温下易变硬而导致弯曲性差，易产生龟裂、耐滑性差和弹性差。

了解织物的性能，清楚室内软装饰的特点与其在室内的作用，才能准确适宜地选用织物。

四、布艺织物的加工工艺

室内织物通过不同的加工工艺产生不同的材质、肌理效果、色彩与纹样。常用的有印花棉布、提花织布、条格花布、贡缎、织锦缎、软缎、平纹网、天鹅绒、针织绒、泡泡纱、网眼纱、蝉翼纱、薄绸布、巴黎纱等（图 4-129、图 4-130）。

图4-129　织锦缎

图4-130　提花织布

第三节　灯饰

照明是利用自然光和人工照明帮助人们满足空间的照明需求、创造良好的可见度和舒适愉快的空间环境。现代灯饰设计中，灯具的作用除了照明之外，更多的时候起到的是装饰作用。在进行室内设计时必须把灯具当作整体的一部分来设计。灯具的造型也非常重要，其形、质、光、色都要求与环境协调一致，通过室内灯具的造型的变化、灯光强弱的调整等手段，达到烘托室内气氛的作用。

灯饰是指用于照明和室内装饰的灯具。室内灯饰设计是指针对室内灯具进行的样式设计和搭配。因此灯具的选择首先要具备可观赏性，其次要与营造的风格氛围相统一；再就是布光形式要经过精心设计，注重与空间、家具、陈设等配套装饰相协调，营造出特定的氛围（图 4-131、图 4-132）。

图4-131　灯具造型与风格的统一（一）

图4-132　灯具造型与风格的统一（二）

一、灯饰的分类

（一）吊灯

吊灯分为单头吊灯（图 4-133）和多头吊灯（图 4-134、图 4-135）。前者多用于卧室、餐厅，后者宜用在客厅、酒店大堂等公共活动场所，是最常采用的直接照明灯具。

图4-133　单头吊灯

图4-134　多头吊灯（一）

图4-135　多头吊灯（二）

（二）吸顶灯

吸顶灯是安装在天花板面上，光线向上射，通过天花板的反射对室内进行间接照明的灯具。常用的有方罩吸顶灯、圆球吸顶灯、半圆球吸顶灯、小长方罩吸顶灯等类型（图 4-136、图 4-137）。

图4-136　方形吸顶灯

图4-137　圆形吸顶灯

目前应用较广的是 LED 吸顶灯，是居家、办公室、文娱场所等空间经常选用的灯饰。

（三）落地灯

落地灯是放置于地面上的灯具，适合休闲阅读和会客之用。落地灯用作局部照明，强调移动的便利，对于角落气氛的营造十分实用（图 4-138 ～图 4-140）。

落地灯一般由灯罩、支架、底座三部分组成。灯罩要求简洁大方、装饰性强，除了筒式罩子较为流行之外，华灯形、灯笼形也较多用；落地灯的支架多以金属、旋木或是自然形态的材料制成（图 4-141 ～图 4-144）。

（四）台灯

台灯是一种放置在书台或茶几上，用于辅助照明的灯具。它的主要功能是作为供阅读之用的照明灯光，同时还可以营造空间气氛（图 4-145、图 4-146）。

台灯根据材质分类有金属台灯（图 4-147）、树脂台灯、玻璃台灯、水晶台灯、实木台灯、陶瓷台灯等；根据使用功能分类有阅读台灯和装饰台灯（图 4-148）。阅读台灯的灯体外形简洁轻便，装饰台灯的外观豪华，材质与款式多样。

图4-138　落地灯（一）

图4-139　落地灯（二）

图4-140　落地灯（三）

图4-141　金属支架图落地灯（一）

图4-142　金属支架图落地灯（二）

图4-143　造型简洁的落地灯

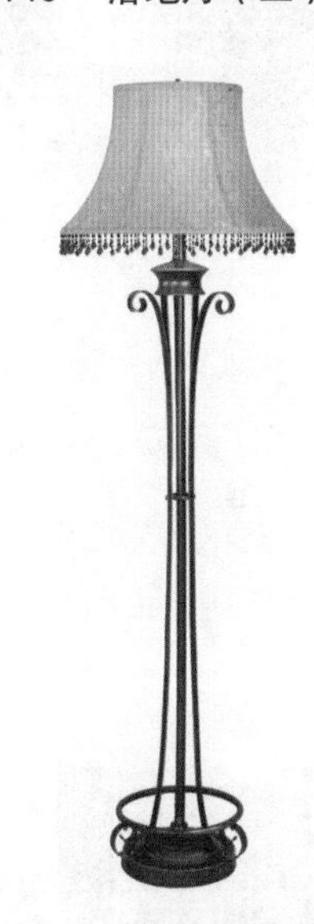

图4-144　复古灯罩落地灯

图4-145　台灯（一）

图4-146　台灯（二）

图4-147　金属台灯

图4-148　装饰台灯

（五）壁灯

壁灯是一种安装在墙壁上，用于辅助照明的灯具（图 4-149、图 4-150）。常用的有双头玉兰壁灯、双头橄榄壁灯、镜前壁灯等。壁灯的选择主要看结构、造型，一般机械成型的价格较便宜，手工的较贵。铁艺锻打壁灯、全铜壁灯、羊皮壁灯等都属于中高档壁灯，其中铁艺锻打壁灯最受欢迎（图 4-151 ～图 4-154）。

图4-149　辅助照明的壁灯

图4-150　床头辅助照明的壁灯

图4-151　双头壁灯

图4-152　全铜壁灯

图4-153　水晶壁灯

图4-154　锻铁壁灯

（六）特色效果灯

特色效果灯是一种在光源与照射物之间安装，并由特殊的镜片来制造多种变化的图案或色彩以表达特殊的灯光效果的灯具（图 4-155、图 4-156）。

图4-155　装饰效果灯（一）

图4-156　装饰效果灯（二）

二、灯饰风格

不同风格的家具，对于灯饰的搭配要求也不同。色彩、材质上要协调，风格上要统一。但是由于很多灯饰的风格模糊，所以需要灵活运用，同一个灯饰，可以搭配不同风格的家装。只要整体氛围协调不冲突，即可灵活使用，不必拘泥一式。按照灯饰的风格划分可以简单分为现代、欧式、中式、美式、东南亚、地中海等多种风格。

图4-157　现代风格灯饰（一）

（一）现代风格灯饰

造型简约、追求时尚、工艺精细、环保节能是现代风格灯饰的最大特点。在材质一般采用具有金属质感的铁材、铝材、皮质和不同肌理的玻璃等；现代风格灯饰在外观和造型上以另类的表现手法为主，新颖的设计更适合与现代简约风格搭配（图4-157、图4-158）。

（二）欧式风格灯具

欧式灯饰以华丽的装饰、浓烈的色彩、精美的造型著称于世，欧式灯饰非常注重线条、造型的雕饰，以黄金为主要颜色，以体现雍容华贵、富丽堂皇之感；有的灯还会以铁锈、黑色烤漆等故意造出斑驳的效果，追求仿旧的感觉，给人以视觉上的古典感受（图4-159、图4-160）。

图4-158　现代风格灯饰（二）

图4-159　雍容华贵的欧式灯饰

图4-160　富丽堂皇的欧式灯具

从材质上看，欧式风格灯具多以树脂、纯铜、锻打铁艺和纯水晶为主。其中树脂灯具造型多样，可有多种花纹，贴上金箔银箔显得颜色亮丽；纯铜、锻打铁艺灯具造型简单，但富有质感（图 4-161、图 4-162）。

图4-161　欧式风格灯具

图4-162　欧式水晶吊灯

（三）中式风格灯具

中式风格灯具秉承中式建筑传统风格，选材使用镂空或雕刻材料，颜色多为红、黑、黄色，造型及图案多采用对称式的布局方式。中式风格灯具格调高雅，造型简朴优美，色彩浓烈而成熟（图 4-163、图 4-164）。

图4-163　中式风格灯具（一）

图4-164　中式风格灯具（二）

（四）美式风格灯具

美式风格植根于欧洲文化，有着欧洲的奢侈与贵气但又结合美洲大陆的不羁，成就了怀旧、贵气而不失随性的风格。美式风格的灯具虽然与欧式风格灯具有非常多的相似之处，但在造型上相对简约，外观简洁大方，更注重休闲和舒适感；材质上选择比较考究的树脂、铁艺、焊锡、铜、水晶等，选材多样；色调上用色沉稳、气质，追求一种高贵感（图 4-165、图 4-166）。

图4-165　美式风格灯具（一）

图4-166　美式风格灯具（二）

（五）东南亚风格灯具

东南亚风格灯具会大量运用麻、藤、竹、草、原木、树皮、椰子壳、贝壳、砂岩石等天然材料，保存大自然原汁原味的气息；在色彩上颜色比较单一，以深木色为主；在造型上采用象形设计方式，比如鸟笼造型、动物造型等（图 4-167）。

图4-167　东南亚风格灯具

（六）地中海风格灯饰

地中海风格的灯饰在将海洋元素应用到设计中的同时，还善于捕捉光线，取材天然，大多采用铁艺灯架、云母贝壳镶嵌，用半透明或蓝色的布料、玻璃等材质制作成灯罩；灯饰的灯臂或者中柱部分会做擦漆做旧处理（图 4-168）。

图4-168 地中海风格灯饰

三、灯饰搭配的准则

（一）风格统一

软装灯饰搭配要考虑灯饰风格的统一（图 4-169）。

图4-169 灯饰风格的统一

（二）明确作用

软装灯饰在搭配中要明确其装饰作用（图 4-170、图 4-171）。

图4-170　灯饰的装饰作用（一）

图4-171　灯饰的装饰作用（二）

（三）区分亮度

搭配软装灯饰时还要区分不同功能灯饰的相应亮度（图 4-172、图 4-173）。

图4-172　卧室灯饰亮度

图4-173　客厅灯饰亮度

（四）兼顾反射作用

软装灯饰搭配时还要兼顾照射面材质的反射作用（图 4-174）。

图4-174　照射面材质反射

（五）垂挂高度

软装灯饰选配时还应考虑灯饰的垂挂高度（图 4-175）。

图4-175　灯饰垂挂高度

知识小贴士： 软装设计师在对灯饰进行造型设计时首先应进行灯具尺寸核对；然后对灯体部分的材质及颜色进行选择；最后还要考虑灯泡色温对照明效果的影响。

四、不同空间的灯饰设计与选配

（一）住宅空间

灯饰承载家里整个空间氛围的重任。空间功能不同，对照明需求也不同。需要的光线条件也不一样。选对了灯饰不仅可以放大空间感，还能够制造出温馨的氛围（图 4-176）。

1. 客厅空间

客厅灯饰的配置要有利于创造温馨又大气的环境，一般在房间的中央装一盏主体灯（图 4-177），或沙发边上放置一盏落地灯，让整个空间氛围更加温馨（图 4-178）。

图4-176　灯饰对氛围的营造

图4-177　客厅中的主灯选配

图4-178　沙发旁的落地灯选配

2. 餐厅空间

餐厅建议用暖色光，可以将光线集中。采用吊灯会让光线集中在餐桌上。而暖光会使食物颜色更加靓丽增加食欲（图 4-179）。

图4-179　餐厅灯饰选配

3. 卧室空间

卧室是休息空间，应营造宁静温馨的气氛，使人有安全感，应选用灯光稍弱的灯饰，以暖色调为主（图 4-180）。卧室要组合搭配吸顶灯、壁灯、台灯、落地灯、床头灯等，以营造出温馨的气氛（图 4-181、图 4-182）。

图4-180　卧室灯饰选配

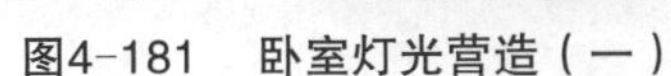

图4-181　卧室灯光营造（一）

图4-182　卧室灯光营造（二）

4. 书房空间

书房是在家工作和学习的场所，要求照度较高。写字台上采用的局部照明的灯饰，建议选择暖白光色（图 4-183、图 4-184）。

图4-183　书房灯饰选配（一）

图4-184　书房灯饰选配（二）

（二）商业空间

商业空间基于空间性质、功能需求、氛围营造等需求的不同，其灯饰的选择首先要具备可观赏性，要求材质优质、造型别致、色彩丰富，如餐饮空间的灯饰选配（图 4-185、图 4-186）；其次，就是要求与营造的装饰空间风格氛围相统一，布光形式要经过精心设计，注重与空间、家具、陈设等配套装饰相协调，如办公空间的灯饰选配（图 4-187、图 4-188）；最后，还需要突出个性，光源的色彩应按照用户需要营造出特定的气氛，如热烈、沉稳、宁静等，如娱乐空间对灯光氛围的营造（图 4-189、图 4-190）。

图4-185　餐饮空间灯饰选配（一）

图4-186　餐饮空间灯饰选配（二）

图4-187　办公空间灯饰选配（一）

图4-188　办公空间灯饰选配（二）

图4-189　娱乐空间灯光氛围营造（一）

图4-190　娱乐空间灯光氛围营造（二）

第四节　装饰画

装饰画在室内装饰中起很重要的作用，装饰画没有好坏之分，只有合适与不合适的区别，软装设计师要具备适当的装饰画知识，认识和熟悉各种画品的历史、工艺和装裱方式（图 4-191、图 4-192）。

图4-191　商业空间装饰画

一、装饰画的主要分类

（一）西方绘画装饰配画

西方绘画，简称西画，包括了油画、水彩画、水粉画等画种，组成了西方绘画中的主要品种。最早的西画源自壁画，在漫长的中世纪里，壁画一直作为宗教的艺术存在。油画作为西式绘画最重要的一种类别，越来越受到市场的欢迎，这里所说的主要是指装饰油画，是创作或临摹的真正手绘的油画，而非印刷装饰油画或仿真装油画。

图4-192　居住空间客厅装饰画

装饰油画要和装修风格协调。简约的居室搭配现代感强的油画会使房间充满活力，可选无外框油画；古典的居室选择写实风格的油画，如人物肖像、风景等，最好加浮雕外框，显得富丽堂皇，雍容华贵（图 4-193、图 4-194）。

1. 作画方式

西方绘画作为一门独立的艺术，画家们从科学的角度来探寻形成造型艺术美的根据，不仅用模仿说作为传统理论的主导，也加入透视学、艺术解剖学和色彩学，重点分析和阐述事物的具象和抽象形式。

图4-193　风景油画

图4-194　人物场景油画

2. 作画手法

西方绘画与中国绘画最明显的区别在于西方绘画是一种“再现艺术”，用细致的笔触和光影色彩追求对象和环境的真实。

3. 作画题材

西方绘画题材多样，有描述上流社会生活场景的作品，也有表现宗教圣徒殉难场景的作品，也有描绘一般景物的作品。

软装设计师要想掌握好西方绘画，并通过对比做出欣赏、判断，就需要根据不同的画种去熟悉和了解各种绘画技术、手段、工具和资料，通过不断地训练和经验累积，为每个项目配置合适的画作。

（二）中式字画装饰配画

中国画，简称“国画”，作为我国琴棋书画四艺之一，具有悠久历史。在中国古代没有给中国画确定名称，一般称作“丹青”，主要是绘制在绢、帛、宣纸上，再进行装裱的卷轴画（图 4-195、图 4-196）。

图4-195　中式字画（一）

用中式字画美化居室，可以陶冶情操、怡悦身心、丰富生活情趣，增加居室的艺术气氛，创造优美典雅的生活环境。

1. 作画方式

在作画方式上，中国画的表现形式重神似不重形似，“气韵生动”是中国绘画的精神之所在，强调观察总结，不强调现场临摹；运用散点透视法，重视意境不重视场景。

2. 作画手法

用墨和中国画颜料在特制的宣纸或绢上作画，称为“水墨丹青”。

3. 作画题材

主要有人物、花鸟、山水三种，分为工笔和写意两种方式。

图4-196 中式字画（二）

4. 展现方式

（1）手卷。

作为中国绘画的基础展现形式，手卷字画通过下加圆木作轴，把字画卷在轴外，“手卷”短的有四五尺，长的可以至几十米（图 4-197）。将手卷画装裱成条幅，便于收藏。

图4-197 手卷

（2）中堂。

中堂是中国书画装裱样式中立轴形制的一种，是随中国古代厅堂建筑的发展演变逐渐形成的较大尺寸的画幅，因主要悬挂于房屋厅堂而称“中堂”（图 4-198）。

（3）扇面。

扇面画是将绘画作品绘制于扇面的一种中国画门类（图 4-199）。从形制上分，圆形叫团扇，盛行于宋代；折叠式的叫折扇，明代时期是扇面画的顶峰时期。

（4）册页。

册页也称为“页子”，是受书籍装帧影响而产生的一种装裱方式，宋代以后比较盛行，专门用于小幅书画作品（图 4-200）。册页一般有正方形、长方形、竖形或横形，其大小尺寸不等，将多页字画装订成册，成为“册页”。

图4-198　中堂

图4-199　扇面

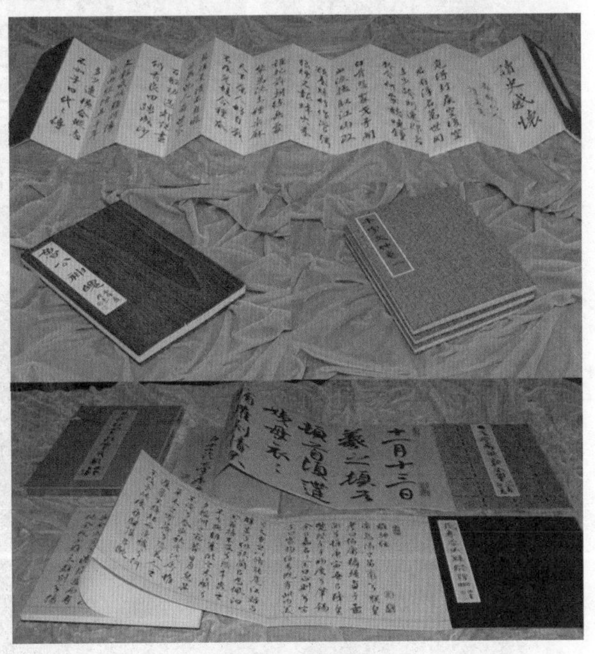

图4-200　册页

（三）现代装饰画配画

装饰画的品种繁多、风格多样，在新技术、新材料、新创意的驱使下，可以利用任何物品和元素去创作装饰画，如抽象画、拼帖画、摄影作品等（图 4-201、图 4-202）。

图4-201　现代装饰画

图4-202　摄影作品

现代装饰画按制作材质可以分为：

（1）雕刻类：木雕、金属雕、竹根雕、玻璃工艺、塑料工艺等（图 4-203、图 4-204）。

图4-203　金属材质装饰画

图4-204　金属雕装饰画

（2）镶嵌类：贝壳镶嵌、玻璃镶嵌、马赛克镶嵌、大理石片镶嵌等。

（3）编织类：有铁丝、竹片、各类植物藤条皮筋的编织以及各种纤维的编织。

（4）粘贴类：羽毛画、布贴画、纸贴画、印刷品画等各种物质的粘贴（图 4-205、图 4-206）。

配画流程：

收集资料——草图构思——方案确定——制作生产——工厂验货——出货安装

图4-205　印刷品装饰画（一）

图4-206　印刷品装饰画（二）

二、装饰画在空间中的应用

过去，很多家庭室内不讲究摆装饰画，觉得是画蛇添足，即使有些家庭摆装饰画，画的内容也会选择花草鱼虫。随着人们审美情趣的提高，挑选装饰画时也开始考虑符合室内整体装修风格（图4-207）。眼下，越来越多的人喜欢简单明快的现代装修风格。抽象画一直被人们看成是难懂的艺术，不过在现代装修风格的家庭中却能起到点睛的作用（图4-208）。很多人尽管看不懂画中的内容，但却能体会作品的意境，对于普通家庭来说这样足矣。现代风格的家装配上简单的抽象画，能够起到空间提升的作用。

图4-207　不同主题装饰画

图4-208　抽象装饰画

（一）选画

在选择装饰画的时候，首先要考虑的是所悬挂墙面位置的空间大小。如果墙面留有足够的空间，可以挂一幅面积较大的装饰画。可当空间比较局促的时候，就应该考虑悬挂面积较小的装饰画，这样既不会留下压迫感，同时适当留白，更能突出整体的美感。此外，还要注意装饰画的整体形状和墙面搭配，一般来说，狭长的墙面适合挂放狭长、多幅组合或者小幅的画，方形的墙面适合挂放横幅、方形或是小幅组合画（图 4-209、图 4-210）。

图4-209　方形小幅画组合

图4-210　多幅装饰画组合

另外，应根据空间的装饰风格来选画。欧式风格建议搭配西方古典油画作品；美式风格装饰画的主题多以自然动植物或怀旧照片为主；中式风格适合选择中国风韵味的装饰画；现代简约风格适合的装饰画选择范围比较灵活，如抽象画、概念画等（图 4-211、图 4-212）。

图4-211　美式风格装饰画

图4-212　中国风韵味装饰画

（二）挂画

单幅装饰画使用悬挂的方式比较常见，例如在客厅、玄关等墙面挂上一幅装饰画，把整个墙面作为背景，让装饰画成为视觉的中心（图 4-213）。

悬挂多幅装饰画搭配时要考虑整体的画面效果，无论是水平展开悬挂还是垂直展开悬挂，高度以及画面大小与墙面大小的比例要如同单幅装饰画一样，唯一不同的是多幅画之间要留出适当的呼吸空间（图 4-214）。

图4-213　单幅装饰画作为视觉中心

图4-214　垂直悬挂多幅装饰画

装饰画在墙面上的位置直接影响到欣赏时的舒适度，也会影响装饰画在整个空间内的表现力，因此悬挂时根据装饰画的大小，以画面中心位置距地面 1.5m 左右较为合适。装饰画周围还有其他摆件作为装饰时，要求摆设的工艺品高度和面积不超过画品的 1/3，并且不能遮挡画面的主要内容（图 4-215、图 4-216）。

图4-215　装饰画合适的挂画高度

图4-216　装饰画与工艺品的重叠关系

装饰画设计小贴士：

（1）选择适当的位置。

（2）注意采光。

（3）注意挂画的高度。

（4）所挂字画的数量不宜多。

（5）字画的色调要尽量与室内的陈设相一致。

三、装饰画的装裱方式

装饰画主要有无框和有框两种装裱方式，两种方式的装裱要根据画的内容和技法来确定。一般简约风格的画作以采用无框形式为主，而古典风格的画作一般采用有框形式（图 4-217、图 4-218）。

（一）外框画

外框的适当运用相对于油画而言，可以起到画龙点睛的作用。所谓“三分画七分裱”，一个画框综合了人文、传统、装饰学等系列知识（图 4-219）。

图4-217　有框画品

图4-218　适合古典风格的有框装饰画

图4-219　画框与环境的匹配

（二）无框画

无框是指没有外框、利用内框支撑，将画作像绷鼓面一样紧绷于内框上，画布边包裹内框，将内框隐藏在画的后面，因为表面看不到画框，所以叫无画框。无画框多用于现代装饰设计当中（图 4-220）。

（三）画框材质种类

（1）按材质分类：木材加工类、原木类、PU 类。

（2）按外形结构分类：角花框、圆框、线条框、一次成型框。

（3）按表面工艺分类：喷涂类、金银箔类、原木封蜡。

图4-220　无框画

四、装饰画在空间中的运用

软装设计师在选画的过程中一定要了解清楚业主的喜好或项目的需求，切忌把个人喜好强加于方案中。在画品选择、挂画技巧和空间搭配上都要遵循一定规则。

（一）居室空间的画品陈设

1. 玄关配画

玄关是客人进屋后第一眼所见之地，是第一印象的焦点，在此类空间配画应该选择格调高雅的抽象画或静物、插花等题材来展现主人优雅高贵的气质，画作以精致小巧为宜。挂画高度以平视视点在画的中心或底边向上 1/3 处为宜（图 4-221、图 4-222）。

图4-221　玄关配画

2. 客厅配画

客厅是家居的主要活动场所，客厅配画要求稳重、大气，从中国传统理论来讲，客厅的装饰摆设会影响到主人的各种运势，因此在客厅配画时首先应考虑整体风格，其次根据主人的特殊爱好，选择特殊题材的画（图 4-223、图 4-224）。

图4-222　玄关配画

图4-223　客厅配画（一）

图4-224　客厅配画（二）

3. 餐厅配画

餐厅是进餐的场所，在挂画的色彩和图案方面应清爽、柔和、恬静、新鲜，一般可配一些人物、花卉、静物、插花等题材（图 4-225、图 4-226）。

图4-225　餐厅配画（一）

图4-226　餐厅配画（二）

餐厅挂画，建议画的顶边高度在空间顶角线下 60 ～ 80cm，并居中于餐桌中线为宜，而分餐制西式餐桌由于体量大，油画挂在餐厅周边壁面为佳。画品尺寸一般不宜太大，以 60cm×60cm、60cm×90cm 为宜，采用双数组合符合视觉审美规律。

4. 卧室配画

卧室是个人生活私密性最强的空间，作为卧室的装饰画当然需要体现“卧”的情绪，并且强调舒适与美感的统一。通过装饰画的色彩、造型以及艺术化处理等，立体地显现出舒畅、轻松、亲切的意境（图 4-227、图 4-228）。挂画距离以底边离床头靠背上方 15 ～ 30cm 处或底边离顶部 30 ～ 40cm 最佳，亦可在床尾挂单幅画。

图4-227　卧室配画

图4-228　艺术化处理卧室挂画

5. 儿童房配画

儿童房配画色彩要明快、靓丽，选材多以动植物、漫画为主，配以卡通图案；尺寸比例不要太大，可以多挂几幅；不需要挂得太过规则，挂画的方式可以尽量活泼、自由一些，营造出轻松、活泼的氛围（图 4-229、图 4-230）。

图4-229　儿童房配画（一）

图4-230　儿童房配画（二）

6. 书房配画

书房通常要求凸显强烈而浓厚的文化气息，书房内的画作应选择静谧、优雅、素淡的风格，力图营造一种雅致的阅读氛围（图 4-231、图 4-232）。

图4-231　书房配画（一）

图4-232　书房配画（二）

7. 走廊或楼梯配画

走廊和楼梯空间很容易被人忽略掉，以三到四幅一组的组合画为宜，在悬挂时可以高低错落或顺势悬挂（图 4-233、图 4-234）。

图4-233　楼梯配画（一）

图4-234　楼梯配画（二）

（二）商业空间的画品陈设

商业空间包括酒店、会所、办公场所、商场等，这些场所配画的主要作用是为了营造氛围，并提升场所的文化内涵和格调品位。与家庭配画的细腻不同，商业空间的配画要大气、有力度，与装修设计风格有机统一（图4-235、图4-236）。以办公空间为例，首先要了解其设计风格，如果是现代风格，可考

图4-235　餐饮空间配画（一）

虑抽象画或现代装饰画；如果是中式风格，就配国画、漆画等。整体配画风格要统一，尺度比例恰当，要能提升整个空间的格调品位和文化层次（图 4-237、图 4-238）。

图4-236　餐饮空间配画（二）

图4-237　办公空间配画（一）

图4-238　办公空间配画（二）

第五节　花艺装饰与观赏绿植

在快节奏的城市生活环境中，人们很难享受到大自然带来的宁静、清爽，而花艺和绿植的使用，能够让人们在室内空间环境中贴近自然，放松身心，享受宁静，舒缓心理压力和紧张工作所带来的疲惫感。通过在家居空间或商业空间中摆放绿植或花艺，可以使空间优雅、简约，风格变化多样，激发人们对美好生活的追求（图 4-239、图 4-240）。

图4-239　玄关花艺

图4-240　卧室绿植选配

一、花艺和绿植的功能

（一）柔化空间、增添生气

绿植的自然生机和花卉千娇百媚的姿态给室内注入勃勃生机，使室内空间变得更加温馨自然，它们不但柔化了金属、玻璃和混凝土组成的室内空间，还将家具和室内陈设有机地联系起来（图 4-241）。

图4-241　绿植柔化空间

（二）组织空间、引导空间

采用绿植陈设空间，可以分隔、沟通、规划、填充空间界面；若用花艺分隔空间，可使各个空间在独立中见统一，达到似隔非隔，相互融合的效果（图 4-242）。

图4-242 绿植分隔空间

（三）抒发情感、营造氛围

室内绿化和花艺陈设可以反映出主人的性格和品位，如以竹为主题，表现的是主人谦虚谨慎、高风亮节的品格；以兰为主题，则能表现主人格调高雅、超凡脱俗的性格；以梅为主题，可表现主人独立坚毅、纯洁高尚的品格（图 4-243、图 4-244）。

图4-243 花艺营造氛围

图4-244 玄关花艺陈设

知识小贴士：

不同的植物具有不同的象征意义，如荷花——出淤泥而不染，濯清涟而不妖，象征高尚情操；竹——未曾出土先有节，已到凌云仍虚心，象征高风亮节；松、竹、梅为“岁寒三友”；梅、竹、兰、菊为“四君子”；牡丹寓意高贵，石榴寓意多子，萱草寓意忘忧等。紫罗兰寓意高雅永恒，百合花寓意吉祥如意和圣洁，郁金香寓意博爱和名誉，勿忘草寓意勿忘我等，这些象征和含义在空间中能够营造一种特殊的意境。

二、花艺设计

（一）花艺的材质

1. 鲜花类

鲜花色彩亮丽，花香味能给人愉快的感受，充满大自然最本质的气息，但保存时间短，而且成本较高（图 4-245）。

2. 干花类

干花类是利用新鲜的植物，经过加工制作，做成独立的可长期存放、有独特风格的花艺装饰（图 4-246）。干花一般保留了新鲜植物的香气和形态。与鲜花相比，能长期保存，但是缺乏生命力，色泽感较差。

图4-245　鲜花类

图4-246　干花类

3. 仿真花

仿真花是使用布料、塑料、网纱等材料，模仿鲜花制作的人造花（图 4-247）。仿真花能再现鲜花的美，价格实惠并且保存持久，但是并没有鲜花类与干花类的大自然香气。

（二）花艺与花器的搭配要点

花器的材质种类很多，常见的有陶瓷、金属、玻璃、木质等。在布置花艺时，要根据不同的场合、不同的设计目的和用途来选择合适的花器。如东方式花艺饰品中花器是整个作品的重要组成部分，花器与花材的搭配可以更加生动地表现主题，花器或花材的选择往往会成为表现主题的点睛之笔（图 4-248、图 4-249）。

图4-247　仿真花

图4-248　东方式花艺（一）

图4-249　东方式花艺（二）

1. 根据摆设环境搭配花器

花器的选择需考虑摆设的环境，要与环境相吻合，才能营造出生机勃勃的氛围（图 4-250）。

2. 根据花艺造型搭配花器

根据花枝的长短、花朵的大小、花的颜色几方面来考虑。一般来说，花枝较短的适合与矮小的花器搭配，花枝较长的适合与高大的花器搭配（图 4-251）。花朵较小的适合与瓶口较小的花器搭配，瓶口较大的花器应选择花朵较大或花朵集中的成簇花束（图 4-252）。

图4-250　根据摆设环境搭配花器

图4-251　花枝较长的花选配高大花器

图4-252　根据花艺造型搭配花器

（三）花艺的风格

1. 西方风格花艺

也称欧式插花，它的特点是注重花材外形，追求块面和群体的艺术魅力，用花数量大，有繁盛之感；构图多以对称式、均齐式出现，色彩艳丽浓厚，花材种类多，表现出热情奔放、雍容华贵、端庄大方的风格（图4-253、图4-254）。

图4-253　西式花艺（一）

图4-254　西式花艺（二）

2. 东方风格花艺

以中国和日本为代表，在风格上崇尚自然、朴实秀雅。选用花材简练，以姿为美，善于利用花材的自然形态和所表达的意境美，并注重季节的感受，以线条的造型为主，多为平衡式构图，以姿态的奇特、优美而取胜（图4-255、图4-256）。

图4-255　东方花艺

图4-256　日式花艺

3. 自由式花艺

东西方式插花的结合，受当今世界各国出现的各种派别如写实派、抽象派、未来派等派别的影响，选材、构思、造型更加广泛自由。特别强调装饰性、特殊性，更具时代感和生命力（图 4-257、图 4-258）。

图4-257　自由式花艺（一）

图4-258　自由式花艺（二）

三、布置原则和技巧

设计师在进行花艺陈列设计时，需要遵循在不同的空间中进行合理、科学的陈列与搭配设计原则，其目的重在打造一种温馨、幸福的生活氛围。

（1）基于空间的整体风格和色系，进行花艺的色彩陈列与搭配。

（2）懂得运用花艺设计的技巧，将花艺的细节贯穿于室内设计，保持整体陈设的统一协调。

（3）要进行主体创意，使花艺与陶瓷、布艺、地毯、画品、家具拥有连贯性，在美化室内环境的同时提升空间陈设质量。

四、不同空间的花艺与绿植搭配

（一）家居空间的花艺与绿植搭配

1. 玄关花艺与绿植搭配要点

玄关是居室的入口处，花艺与绿植装饰要展现出主人的品位。花艺建议选用鲜艳、华丽的花材。在玄关桌上摆放绿植应选择中型或中大型的盆栽，形态优美、带花朵的最好；在玄关镜子前的绿植可以选择小型或中小型的盆栽，枝叶、花朵不能太繁茂，以免遮盖镜子（图 4-259、图 4-260）。

图4-259　玄关花艺选配（一）

图4-260　玄关花艺选配（二）

2. 客厅花艺与绿植搭配要点

客厅花艺搭配要与整体风格协调，在客厅茶几上摆放一簇花艺，可以给空间带来勃勃生机，但在布置时要遵循构图原则，切忌随意散乱放置（图 4-261、图 4-262）。客厅中的小型植物可放在台面上，大型植物放在地面上，盆栽植物悬吊放置。此外，植物的色调质感也应以与客厅色调搭配为佳（图 4-263、图 4-264）。

3. 餐厅花艺与绿植搭配要点

餐厅的花艺体积不能太大，要选择色泽柔和、气味淡雅的品种，同时一定要有

图4-261　客厅花艺（一）

清洁感，不影响就餐人的食欲。餐厅花艺一般装饰在餐桌的中央位置，不要超过桌子 1/3 的面积，高度在 25 ~ 30cm（图 4-265、图 4-266）。餐厅摆放植物以立体装饰为主，原则上所选植物株型要小，如观赏凤梨、孔雀竹芋等。

图4-262　客厅花艺（二）

图4-263　客厅绿植（一）

图4-264　客厅绿植（二）

图4-265　餐桌花艺（一）

图4-266　餐桌花艺（二）

选择餐桌花卉时，需注意桌、椅的大小、颜色、质感及桌巾、桌布、餐具等整体的搭配，一定要注意色彩的呼应（图 4-267、图 4-268）。

4. 卧室花艺与绿植搭配要点

卧室适宜摆放略显宁静的小型盆花，如文竹、茉莉等绿叶类植物。床头柜可摆放小型插花，且以单一颜色为主较好，否则不能给人“静”的感觉（图 4-269、图 4-270）。

5. 书房花艺与绿植搭配要点

书房需要营造幽雅清静的环境气氛，宜陈设花枝清疏、小巧玲珑且不占空间的小型花艺（图 4-271、图 4-272）。摆在书桌上的花艺宜用野趣式造型或花艺小品等，书架上部可摆设下垂型花艺，还可利用壁挂式花艺装饰空间。

图4-267　餐桌花艺与环境的统一（一）

图4-268　餐桌花艺与环境的统一（二）

图4-269　卧室花艺

图4-270　卧室梳妆台花艺搭配

图4-271　书房绿植搭配（一）

图4-272　书房绿植搭配（二）

（二）商业空间的花艺与绿植搭配

商业空间中花艺与绿植的搭配更强调整体空间设计概念，融合空间色彩学、材料学、灯光设计、配饰陈列设计等为一体，注重与整体空间的协调感与搭配感，如酒店大堂的花艺设计（图 4-273、图 4-274）。

图4-273　酒店大堂花艺设计（一）

图4-274　酒店大堂花艺设计（二）

第六节　工艺陈设品

在现代的软装设计执行过程中，当符合设计意图的家具、灯具、布艺、画品等摆设选定后，最后一关是加入工艺陈设品，在室内空间的设计中，工艺陈设品的作用举足轻重，其拥有独特的艺术表现力和感染力，能起到烘托环境气氛、强化室内空间特点，“小工艺大效果”正是工艺陈设品的典型功能写照，软装设计师对这一关的把握能决定整个项目的成功与否（图 4-275、图 4-276）。

室内环境中陈设品的布置应遵循一定的原则，可概括为以下四点：

（1）格调统一，与整体环境协调（图4-277）。

（2）构图均衡，与空间关系合理（图4-278）。

（3）有主有次，使空间层次丰富。

（4）注重观赏效果。

图4-276　不同材质的工艺陈设品

图4-275　陈设品对空间氛围的营造

图4-277　格调统一的陈设品

图4-278　构图均衡的陈设品

一、工艺陈设品的分类

室内环境中只要有人生活、工作，就必然有或多或少的不同种类的陈设品。空间的功能和价值也常常需要通过陈设品来体现。从装饰形式上来看，陈设品分为装饰挂件和装饰摆件两大类（图 4-279、图 4-280）。因此，陈设品不仅是室内环境中不可分割的一部分，而且对室内环境有很大的影响和作用。

图4-279　装饰摆件

图4-280　装饰挂件

（一）陶瓷工艺品

1. 中国陶瓷

“陶瓷”是陶器和瓷器的统称。中国陶瓷历史悠久，陶器的历史可追溯到新石器时期，而瓷器则起源于3000多年前。作为中国传统工艺装饰品，陶瓷代表中国形象闻名于世，具有高度的艺术价值。陶器的代表有紫砂器等（图 4-281）。瓷器则以青花器为主流品种之一（图 4-282），另有“汝、官、哥、钧、定”五大名窑所产瓷器，艺术成就享誉海外。

图4-281　紫砂壶

汝瓷造型古朴大方，“梨皮、蟹爪、芝麻花”是其特点，被世人誉为“似玉非玉而胜玉”（图 4-283 ～图 4-285）；钧瓷享有“黄金有价钧无价”“纵有家财万贯不如钧瓷一片”的盛誉，以独特的窑变艺术著称于世（图 4-286）；定瓷胎薄而轻、胎质坚硬，胎色洁白但不太透明，口沿多不施釉，并以丰富多彩的纹样装饰而闻名（图 4-287）。

图4-282　青花瓷

图4-283　汝瓷

图4-284　汝瓷细部（一）

图4-285　汝瓷细部（二）

图4-286　钧瓷

图4-287　定瓷

中国现代陶瓷发扬了传统陶瓷的特色，形成了各具特色的陶瓷产区。中国现代主要陶瓷产区如江西景德镇是驰名中外的瓷都，制瓷历史悠久；福建德化是我国著名白釉瓷器主产地；江苏宜兴是我国著名紫砂壶产地（图 4-288、图 4-289）。

图4-288　现代陶瓷（一）

图4-289　现代陶瓷（二）

图4-290　皇家道尔顿瓷器

2. 外国瓷器

受中国影响很深的欧洲瓷器成为顶级产品的主流，有专供皇室使用而制造的，也有限量版进入了博物馆珍藏。在收藏家眼中，它们的升值潜力不亚于古董和名画。

其中著名的有：法国GIEN瓷器；英国皇家道尔顿瓷器（ROYAL DOULTON）（图4-290）；西班牙雅致瓷器（LIADRO）；丹麦皇家哥本哈根国宝瓷（ROYAL COPENHAGEN）（图4-291）；英国韦奇伍德御用瓷器（WEDGWOOD）（图4-292～图4-294）等。

图4-291　皇家哥本哈根“丹麦之花”系列

图4-292　韦奇伍德餐具

图4-293　韦奇伍德中国风餐具

图4-294　韦奇伍德茶具

（二）玻璃、水晶、琉璃工艺品

1. 玻璃工艺品

玻璃工艺品最主要的特点是玲珑剔透、造型多姿、工艺奇特，摆放在室内，给人一种亮丽醒目的感觉（图 4-295、图 4-296）。

图4-295　玻璃工艺品（一）

图4-296　玻璃工艺品（二）

2. 天然水晶工艺品

天然水晶是一种颇受人们喜爱的宝石，和玻璃外观相似，在现代的工艺制品中用料考究，具有一定的收藏价值，一般作为摆件（图 4-297、图 4-298）。

3. 人造水晶工艺品

人造水晶其实是在普通玻璃中加入 24% 的氧化铅得到的一种亮度与透明度和天然水晶相似的晶体。如施华洛世奇（SWAROVSKI）、巴卡拉（BACCARAT）、圣路易（SAINT LOUIS）等。

图4-297　天然水晶工艺品摆件（一）

图4-298　天然水晶工艺品摆件（二）

4. 琉璃工艺品

采用各色人造水晶为原料，用水晶脱蜡铸造法高温烧成的艺术作品称为琉璃工艺品，具有晶莹剔透、光彩夺目等特点（图 4-299）。

图4-299　琉璃工艺品

（三）金属工艺品

用金、银、铜、铁、铝、合金等金属为主要材料加工而成的工艺品统称为金属工艺品。金属工艺品的风格和造型可以随意定制，以流畅的线条、完美的质感为主要特征，几乎适用于任何装修风格（图 4-300 ～图 4-303）。

图4-300　金属工艺品摆件（一）

图4-301　金属工艺品摆件（二）

图4-302　金属工艺品摆件（三）

图4-303　金属工艺品摆件与挂件

（四）木制工艺品

木制工艺品由于稳定性好、艺术性强，无污染且极具保值性，深受人们的喜爱和推崇。传统木制工艺品以浮雕为主，匠人们采取散点透视、鸟瞰透视等构图方式，创作出布局丰满（散而不松、多而不乱）层次分明、主题突出、故事情节性强的各种题材作品（图 4-304、图 4-305）。

图4-304　现代木制工艺品

图4-305　传统木质工艺品

（五）其他类别工艺品

1. 工艺蜡烛

工艺蜡烛作为工艺品，是点缀生活不可或缺的元素，在餐桌、茶几、卧室等地方随处可见，可作为营造空间氛围的一种表现手段（图 4-306、图 4-307）。

图4-306　餐桌工艺蜡烛

图4-307　工艺蜡烛

2. 烛台

烛台从最初的照明器具到如今的装饰摆设，成了增添空间情趣的时尚用品。在室内空间中选择烛台时需考虑风格（东方风格和欧式风格）、材质（铜、锡、陶瓷、水晶、玻璃、铁艺）等因素（图 4-308、图 4-309）。

图4-308　造型各异的烛台（一）

图4-309　造型各异的烛台（二）

二、工艺品的摆放原则

在摆放工艺品时，首先要注意尺度和比例，随意地填充和堆砌，会产生没有条理、没有秩序的感觉；布置有序的艺术品会有一种节奏感，就像音乐的旋律和节奏给人以享受一样，要注意大小、高低、疏密、色彩的搭配。具体摆设时，色彩鲜艳的宜放在深色家具上；美丽的卵石、古雅的钱币，可装在浅盆里，宜放置在低矮处，便于观全貌（图 4-310）。

其次，要注意艺术效果。组合柜中，可有意摆放一个画盘，以打破矩形格子单调感；在平直方整的茶几上，可放置精美花瓶丰富整体形象。

再次，要注意质地对比，如大理石板上放绒制小动物玩具，竹帘上装饰一件国画作品。

最后，要注意工艺品与整个环境的色彩关系（图 4-311）。

图4-310 工艺品摆放的比例关系

图4-311 工艺品与环境色彩的关系

三、各类功能空间的工艺品搭配设计

（一）居住空间

1. 客厅工艺品

客厅是人们日常生活中使用最为频繁的居住空间，集会客、娱乐、进餐等功能于一体，是整间屋子的中心。客厅的陈列工艺品必须有自己的独到之处，通过软装配饰来表现“个性差异化”是最好的方式，合适的工艺品，如字画、坐垫、布艺、摆件等，都能展示出主人的身份地位和修养（图4-312、图4-313）。

根据客厅风格不同，选择的工艺品也各不相同。

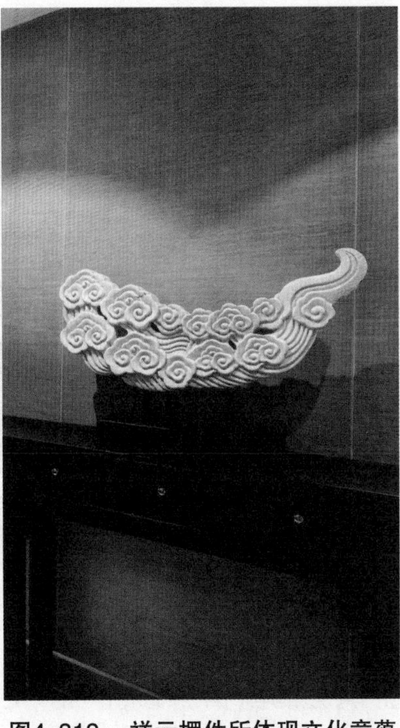

图4-312 祥云摆件所体现文化意蕴

图4-313 中式摆件所体现业主的文化修养

（1）新古典主义风格客厅：多选用水晶类灯台、糖果罐等；牛角摆件；金属材质的动物工艺品；动物皮毛；古罗马卷草纹样等工艺品（图 4-314）。

图4-314　新古典主义客厅

（2）美式风格客厅：喜爱仿古做旧的艺术品（图 4-315）。

图4-315　美式风格饰品

（3）新中式风格客厅：选择耐看、富有传统韵味的“现代禅味”工艺品，如将军罐（图 4-316）。

（4）现代风格客厅：遵循“简约而不简单”原则，注重细节化。工艺品数量不多，因此每件都弥足珍贵。此风格家具多以冷色或具有个性的颜色为主，工艺品通常选用金属、玻璃等材质，花艺花器以单一色系或简洁线条为主（图 4-317）。

总之，工艺品只是点缀物，精则宜人，杂则繁乱。

图4-316　新中式风格客厅工艺品

图4-317　现代风格客厅工艺品

2. 餐厅工艺品

餐厅是人们最常用的室内空间之一，在这个空间内活动能很好地帮助人们增进感情，选择一套与空间设计风格相匹配的优质餐具，摆放一套璀璨的酒具，再搭配些精致的布艺软装，都能衬托出主人高贵的身份、高雅的爱好、独特的审美品位及高品质的生活状态（图 4-318 ～图 4-320）。

图4-318　精美餐具（一）

图4-319　精美餐具（二）

图4-320　精美餐具（三）

（1）餐具分类：盘碟类、酒具类、刀叉匙类（图 4-321 ～图 4-323）。

中西餐在餐桌的摆设上具有非常大的区别，中餐桌以圆台面为主，西餐桌一般为长方台。决定布置中餐还是西餐，取决于餐厅的装饰风格及需要表达的文化内涵（图 4-324、图 4-325）。

（2）餐厅其他配饰：花艺、烛台、桌旗、糖罐、餐巾环（图 4-326 ～图 4-328）。

图4-321　盘碟类

图4-322　酒具类

图4-323　刀叉类

图4-324　圆形中餐桌

图4-325　长方台西餐桌

图4-326　餐桌配饰（一）

图4-327　餐桌配饰（二）

图4-328　餐巾环

3. 卧室工艺品

所有空间中最为私密的地方无疑是卧室，软装设计师在布置这个空间的时候要充分分析主人的喜好，在满足主人喜好的基础上，创造各种风格环境。巧妙利用卧室的专属工艺品，能为卧室空间增添非常多的情趣和色彩。

根据卧室风格不同，选择的饰品也要各具特色。如羊毛抱枕能使床品显得低调奢华；锌合金镶嵌的相框能使空间更显高雅华贵；不锈钢材质的装饰摆件能使卧室空间充满现代感（图 4-329、图 4-330）。

图4-329　卧室工艺品（一）

图4-330　卧室工艺品（二）

4. 书房工艺品

书房即是家居生活环境的一部分，又是办公场所的延伸，书房的双重性使其在家庭空间中处于一种独特的地位，陈列的工艺品既要考虑到美观性，更要考虑到实用性。很大程度上，书房工艺品的陈列彰显着主人的身份地位、道德修养和文化品位（图 4-331、图 4-332）。

图4-331　书房工艺品

图4-332　中式风格书房工艺品

5. 厨卫工艺品

在软装实际操作中，设计师往往把精力集中在客厅、餐厅及卧室等房间的设计上，厨房工艺品往往是一笔带过，并未引起足够重视。厨房工艺品的选择应尽量考虑实用性，更要考虑在美观基础上的清洁问题（图 4-333）。

图4-333　厨卫工艺品（一）

图4-334　厨卫工艺品（二）

卫浴空间对于提升家居档次起到重要作用，直接标志着主人生活质量的高下，如摆放一些金色、银色饰面的摆件或者香薰蜡烛，通过一些精致元素加以点缀，以达到点睛的效果（图 4-334）。

（二）商业空间

商业空间中工艺陈设品是一个不可或缺的要素，是画龙点睛之笔，但对于商品而言只能是起着陪衬的作用，不可喧宾夺主。商业空间中很多的情感依附着软装设计，奠定了软装在商业空间中的重要地位。通过适当的工艺陈设品选配，提升整个空间的品位和档次（图 4-335 ～图 4-338）。

总之，软装做的是细节，并不是所有产品的堆砌，这是要始终牢记和掌握的工作原则。

图4-335　商业空间（一）

图4-336　商业空间（二）

图4-337　商业空间（三）

图4-338　商业空间（四）

本章小结：

了解软装设计元素的种类，学会运用美学手法，通过对色彩、灯光、空间的把握，将各类元素进行搭配，营造出独特的风格，打造出一种更为健康舒适的空间环境。

思考与练习题：

以居住空间为例，自选某一风格，利用本章所讲授的软装元素（家具、灯具、布艺、花艺、工艺陈设品等）进行软装方案设计。

第五章

软装设计流程及方案制作

导　　论：设计的过程包括设计对象的信息收集、设计分析等，通过本章的学习掌握软装设计的工作流程和软装设计方案的制作流程，通过了解项目的地段、价位、档次以及客户的需求，对功能、风格等内容的推敲从而确定方案设计。

教学方法：运用多媒体教学手段，通过课程导入、图片资料分析、启发式提问与课堂练习相结合的教学方式以及课堂互动讨论等形式，并以互联网辅助教学。

建议课时：8学时。

第一节　软装设计工作流程

软装设计的基本流程包括：前期沟通、客户约谈、对设计项目的实地测量、初步方案的设计构思、设计方案制定及签订软装产品采买合同等多个步骤。通过了解项目和客户需求而制订具体的设计方案，从而保证整个软装设计工作的稳步实施（图5-1）。

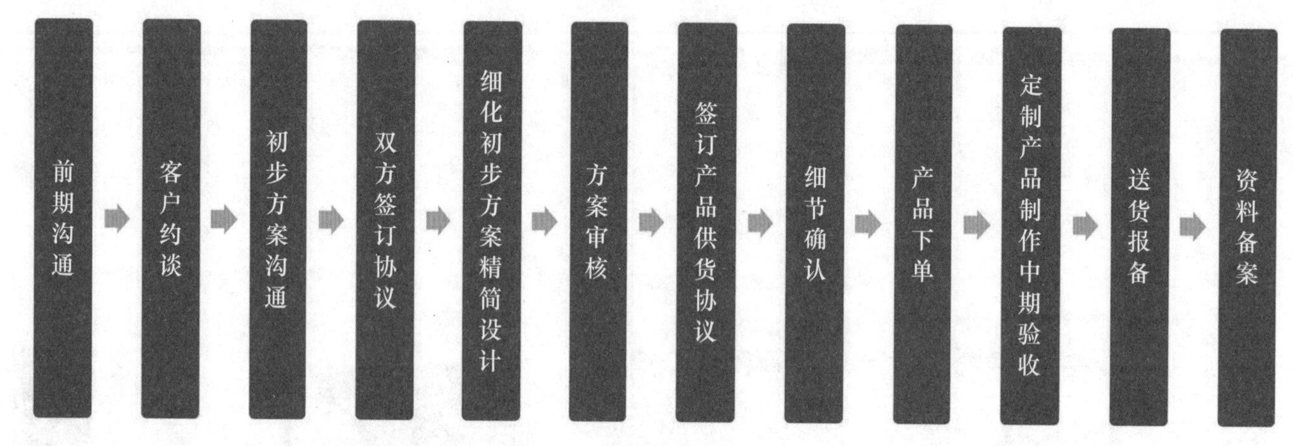

图5-1　软装设计工作流程

一、初步洽谈及解读业主群体

了解业主（即甲方）的家庭结构、主人职业、性格特点和生活愿景，讨论其喜欢的知名品牌、生活用品、色彩、旅游取向和兴趣爱好，通过以往的设计项目图片和影像资料，帮助其确定风格和搭配方式。

通过与业主进行沟通，捕捉其深层的需求点，详细观察并了解硬装现场的色彩关系及色调，控制软装设计方案的整体色彩。

二、收取设计定金并首次空间测量

（一）收取定金及设计费

根据专业服务能力和所选的设计师级别不同收取设计费并签订软装配饰设计合同（图5-2、图5-3）。

××公司软装配饰设计合同

合同编号：　　　　　　　　　　　签订日期：

委托方：（以下简称甲方）

设计方：（以下简称乙方）

根据《中华人民共和国经济合同法》等有关法律、法规的规定，乙方接受甲方的委托，就委托设计事项，双方经协商一致，签订本合同如下。

一、工程概况

1. 项目地点：
2. 项目名称：
3. 项目建筑面积：　　　　　　　楼层数 ________ 层，有（或无）电梯 ________

二、设计程序

1. 甲乙双方经协商设计费按套内建筑面积每平方米 ________ 元计取。设计费总计 ________ 元。

2. 设计协议签订后，即由甲方付与乙方方案设计定金为总设计费的 ________ %，即 ________ 元。

3. 乙方在收到甲方提供的有关图纸，对工程进行实地勘测后天内，提出设计构想，形成设计方案概念图，由甲方审阅。

4. 在甲方确认概念方案并支付软装设计费即总设计费的 ________ %之后，乙方在天内完成所有设计方案，包括平面索引图、单品说明图、配饰效果图（________ 区域各一张）等，并以PPT形式展示。

5. 软装设计方案由甲方负责确认，确认后甲方在索取方案时，须支付尾款 ________ 元，即设计费的 ________ %。

6. 软装设计方案由甲方签字确认后，并由乙方盖好公司公章后，方案正式生效。

7. 其他约定：

三、双方责任

（一）甲方责任

1. 甲方保证提交的资料真实有效，若提交的资料错误或变更，引起设计修改，须另付修改费。

2. 在合同履行期间，甲方要求终止或解除合同，甲方应书面通知乙方，乙方未开始设计工作的，不退还甲方已付的定金；已开始设计的，甲方应根据乙方已进行的实际工作量，不足一半时，按该阶段设计费的一半支付；超过一半时，按该阶段设计费的全部支付。

3. 事先经甲乙双方确认的方案，后期甲方提出2次以上修改的，乙方工作量增加须增加设计费。

4. 对未经甲方确认，或未付清设计费的方案均不能外带。

5. 甲方要求更改方案须经乙方同意，如甲方执意要改的，其一切后果均由甲方自负。

6. 甲方有责任保护乙方的设计版权，未经乙方同意，甲方对乙方交付的设计方案不得向第三方转让或用于本合同外的项目，如发生以上情况，乙方有权按设计费的双倍收取违约金。

7. 凡甲方在设计图纸上签字或付清全部设计费后均作为甲方对设计方案的签收和确认。

图5-2　软装配饰设计合同（一）

（二）乙方责任

1．乙方按本合同约定向甲方交付设计文件。

2．乙方对设计文件出现的错误负责修改。

3．合同生效后，乙方要求终止或解除合同，乙方应双倍返还设计定金。乙方负责向甲方解释方案和协助解决其他相关的疑难问题。

四、其他

1．如本设计项目非本公司采买的，由于各种原因需乙方多次到实施现场的，市区内甲方应支付乙方元／次的外出费，市区外甲方应支付乙方__元／次的外出费，甲方承担交通费和差旅费。

2．本合同在履行过程中若发生纠纷，委托方与设计方应及时协商解决。协商不成的，可诉请人民法院解决。

3．本合同未尽事宜，双方可签订补充协议作为附件，补充协议与本合同具有同等效力。

4．本合同一式两份，甲乙双方各执一份，本协议履行完后自行终止。

甲方（盖章）：	乙方（盖章）：
甲方代表签名：	乙方代表签名：
电话：	电话：
地址：	地址：
日期：	日期：

图5-3　软装配饰设计合同（二）

（二）首次空间测量

进行软装设计的第一步是对空间的测量，只有对空间的各个部分进行准确的尺寸测量，并画出平面图，才能进一步展开其他的装修。软装设计师对场地环境的了解程度，对设计构思起到关键作用，通过亲身体验、发现问题、思考解决办法。

（1）了解空间尺度、硬装基础（图5-4）。

图5-4　了解硬装基础

（2）测量尺寸，出平面图、立面图（图 5-5、图 5-6）。

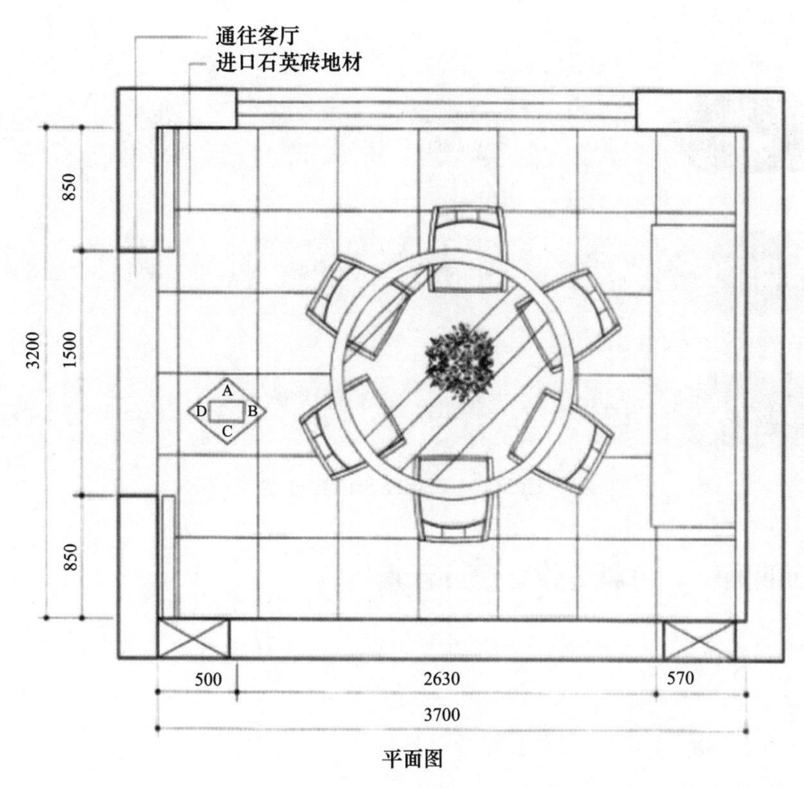

图5-5 餐厅平面图

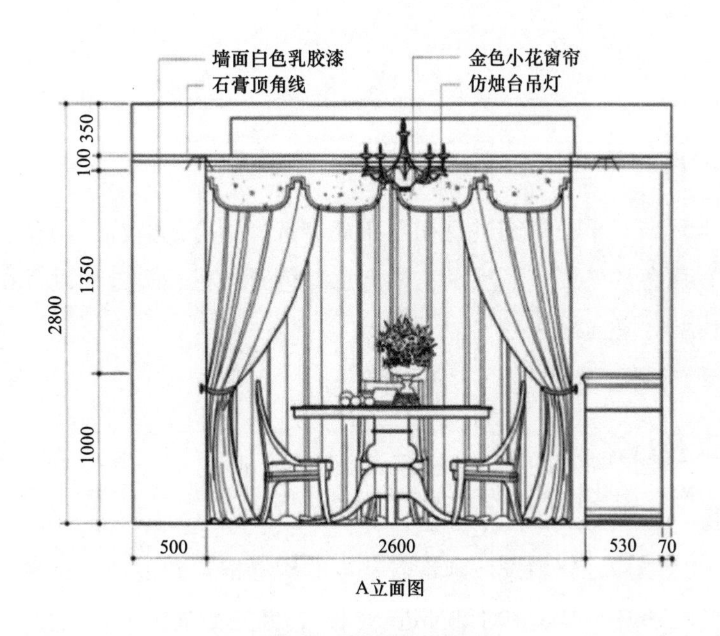

图5-6 餐厅立面图

（3）拍照，平行透视（大场景）、成角透视（小场景）。

（4）节点（重点局部）。

要点：测量是硬装后测量，在构思配饰产品时对空间尺寸要把握准确。

项目硬装情况分析：分析图纸、实地考察、提出建议。

在尊重硬装风格的基础上，结合原有的硬装风格，为硬装作弥补，使硬装能与后期的软装配饰色彩和风格既统一又有变化（图 5-7）。

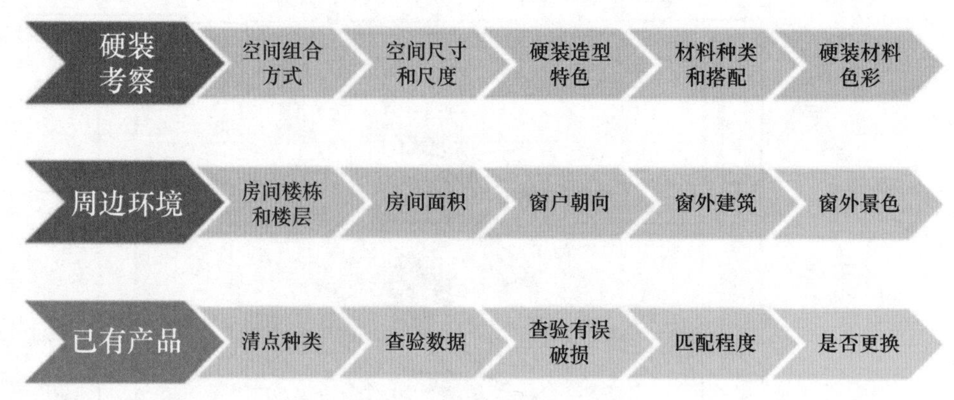

图5-7　现场勘查内容分类

三、确定室内的风格、色彩等软装设计元素

在探讨的过程中要多次与业主沟通，了解业主的喜好、生活方式和喜欢的装修风格，准确把握设计方向。

（1）空间流线（生活动线）——人体工程学，尺度。

要点：空间流线是平面布局（家具摆放）的关键。

（2）生活习惯。

（3）文化喜好。

（4）宗教禁忌。

四、软装设计方案初步构思

软装设计师综合以上环节对平面草图进行初步布局，选择适合的灯饰、画品、花品、日用陈设品等一系列软装配饰产品。采用色块、居室环境、花艺寓意、色彩灵感、关键词以及相对应的图片来展现设计立意，用匹配的风格造型对应主题。

要点：首次测量的准确性对初步构思起着关键作用。

五、二次空间测量及方案制订

（一）二次空间测量

在软装设计方案初步成型后，软装设计师带着基本的构思框架到现场，对室内环境和软装设计方案初稿反复考量，反复感受现场的合理性，对细部进行纠正，并全面核实产品尺寸。

（二）方案制订

通过对于产品的调整，明确在本方案中各项软装配饰产品的价格及组合效果，按照配饰设计流程进行方案制作，出台正式的软装整体配饰设计方案（图 5-8）。

图5-8　方案制订

六、软装设计方案的沟通

为业主系统全面的介绍正式的软装设计方案，并在介绍过程中不断反馈业主的意见，征求所有家庭成员的意见，以便下一步对方案进行归纳和修改。

七、软装设计方案的调整

在与业主进行完方案讲解后，深入分析业主对方案的理解，让业主了解软装设计方案的设计意图。同时，软装设计师也会针对业主反馈的意见对方案进行调整，包括色彩调整、风格调整，配饰元素调整与价格调整。

八、确定软装配饰及签订采买合同

（一）确定软装配饰，制作预算清单

预算清单与方案文本是同步进行的，根据不同阶段，软装预算清单可以分为方案预算清单、深化方案清单、采购下单清单、验收清单和交接结算清单。

制作清单需要注意的问题：

（1）内容要翔实。

（2）采购方要明确（家电是甲方提供还是软装采购）。

（3）价格要准确，不能漏算。

（4）表格间价格无缝对接。

（5）辅助内容要规范，如长 × 宽 × 高（×××L×××W×××H）。

（二）签订采买合同

当室内软装设计方案确定和签订合同后，就进入产品采购阶段。通过制订计划时间表，标明不同产品的下单时间、制作时间、发货时间，产品进场安装时间、摆场和验收时间等，便于采购的具体工作安排（图 5-9）。

××公司软装实施合同

合同编号：　　　　　　　　　　签订日期：

委托方：（以下简称甲方）

设计方：（以下简称乙方）

兹有甲方委托乙方承担 ________ 项目室内软装订制、采购、摆放工作。根据《中华人民共和国经济合同法》等有关法律、法规的规定，乙方接受甲方的委托，就委托设计事项，双方经协商一致，签订本合同如下。

一、工程概况

1. 项目地点：________________________
2. 项目名称：________________________
3. 项目建筑面积：________，楼层数 ________ 层，有（或无）电梯 ________

二、软装设计工程实施内容

1. 报价清单（包括家具、灯具、布艺、饰品、花卉绿植、地毯等）。
2. 采购预算（包括采购物品的名称、规格、数量、单价、总价等）。
3. 工作周期表

三、工作周期

1. 采购阶段：根据前期设计方案，进入采购阶段，乙方应先付预付款 ________ 元，在乙方收到甲方的预付款之后个工作日内完成物品的采购或订制工作。

2. 安装摆放阶段：采购或订制阶段完成之后，确定甲方现场的硬装工程已施工完毕，并清洁好现场之后，乙方到达现场完成物品的安装、摆放工作。进行该工作时，主设计师必须在场，确保现场的摆放效果。

3. 该工作周期为 ________ 天（从合同生效日算起）。

四、甲方责任及权利

1. 甲方应按合同约定的时间和金额及时支付工程进度款。

2. 甲方若在合同签订后，在该项目进行阶段无故单方面终止合作，若乙方还未完成采购或订制，甲方需按照乙方已经完成的工作量支付相应的费用，并支付甲方工程款10%的违约金。若乙方已完成采购或订制，则甲方需按照乙方已经采购或订制的物品价格全额赔偿。

3. 在项目进行的过程中，甲方需要有一名主负责人负责与设计师沟通交流，若甲方中途更换负费人，需书面通知乙方，直到工程结束。

4. 若因甲方原因导致工程时间滞后，乙方概不负责。

5. 乙方向甲方提供的各种资料和图片，甲方有权保护，未经允许，甲方不得私自转给第三方。否则，乙方将追究其法律责任。

6. 在陈设物品到达现场的摆放阶段，乙方有责任协助甲方（主要负责）保护其成果，若有人为破坏，乙方可协助修复，甲方需承担应的费用。

五、乙方责任及权利

1. 乙方按照合同规定时间及时向甲方提交相应的材料和服务，若无故延迟交货，或未按照合同规定时间完成工作，需按日支付甲方未付金额千分之一的违约金。

2. 乙方需保证项目设计文件的质量，若乙方提供的商品存在质量问题需无偿更新，并承担相应的费用。

3. 若因自然因素或其他不可抗力造成的工程时间延后，乙方不承担责任。

4. 若因所选物品的审美不同，造成双方的争议，乙方应尽量与甲方协商，并满足甲方的购买意图。

六、费用给付金额及进度

1. 本项目软装费用总金额合计民币 ________ 元整（大写）。________ 元整（小写）。

2. 本项目软装费用共分 3 期，在合同签订后三天之内，甲方需向乙方支付项目总费用的 60% 作为预付金，合计人民币 ________ 元整（大写）。________ 元整（小写）。

3. 货到现场甲方检查并签收后需支付乙方项目总费用的 35% 工程款，合计人民币 ________ 元整（大写）。________ 元整（小写）。

4. 现场软装摆放设计完毕后，于当天交付甲验收，验收合格后，甲方支付乙方该项目 5% 的尾款，合计人民币 ________ 元整（大写）。________ 元整（小写）。

七、物品的接收

1. 乙方采购的物品到达项目所在城市之后，甲方需现场接收并查验，无异议后签字确认。

2. 若因运输过程造成物品的破损或毁坏，乙方负责协助甲方协商解决。

3. 甲方在确认现场的硬装工程全部结束并清洁好现场后，需书面通知乙方。乙方收到确认函后，方可到达现场工作。

八、物品摆放过程中，甲乙双方的配合

1. 在项目现场摆放阶段，甲方需确保现场无与该项目无关的人员在场。

2. 甲方负责安排人员将物品搬运到现场，并负责物品的开箱工作并核对数目。

3. 甲方需有一名主要负责人在现场，与设计师随时沟通，处理相关事件。

4. 甲乙双方负责人员需随时清理物品摆放过程中出现的垃圾，保证环境卫生。

5. 在现场摆放阶段，甲方负责物品的安全，保证物品不会遗失。

九、质量的保证及验收

1. 若所需采购的商品因为市场因素，或现场的摆放效果不理想等因素，在征得甲方同意之后，方可调整。

2. 甲方需在乙方现场配饰摆放完成后，检查验收，并支付剩余尾款。甲方若无故拖延或未验收，视为验收合格。

十、其他

1. 在项目进行期间，甲乙双方若有纠纷，应尽量协商解决。未果，可在当地人民法院起诉。

2. 本合同在项目完成，双方履行完各自的义务之后，自动解除。

3. 对于合同中未尽的事宜，可附加协议。附加协议与本合同具有同样的法律效力。

4. 本合同一式两份，甲乙双方各持一份。合同自双方签字盖章之日起生效，具有同等的法律效力。

甲方（盖章）：	乙方（盖章）：
甲方代表签名：	乙方代表签名：
电话：	电话：
地址：	地址：
日期：	日期：

图5-9　软装实施合同

九、产品复查和安装摆放

在家具即将出厂或送到现场时，设计师要再次对现场空间进行复尺，已经确定的家具和布艺等尺寸在现场进行核定。产品到场时，软装设计师会亲自参与摆放（图 5-10）。室内软装陈设完成之后需要对现场进行调整，并与业主交接。

图5-10　现场摆放

（一）制作摆场手册及仓库货品检验

设计师需要结合软装设计方案和平面图，制作摆场手册，便于将样式相同或近似的产品进行快速辨认（图 5-11、图 5-12）。同时，设计师需要手持采购清单和方案文本，到仓库或者项目地现场进行查验货品，核对并检验货品是否完好，是否在运输中造成破损。

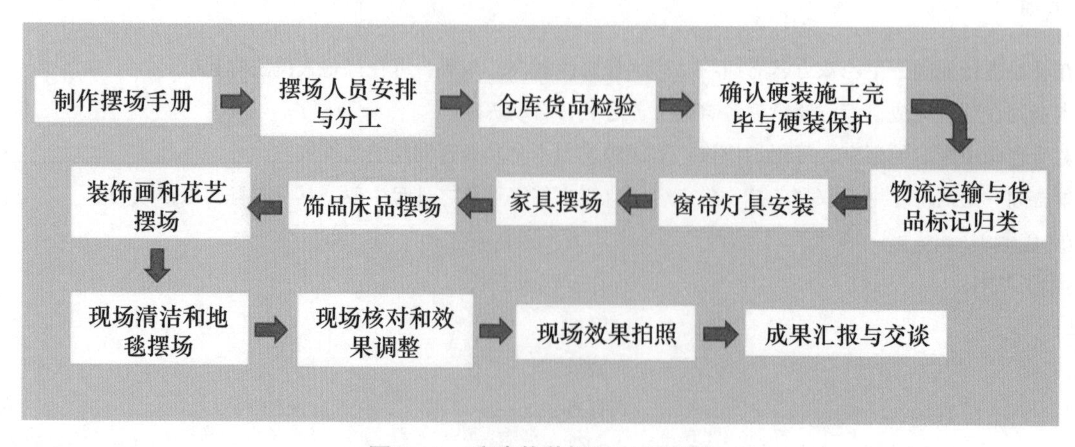

图5-11　室内软装摆场工作流程

图5-12　摆场手册

（二）确认硬装施工完毕进行硬装保护

在确认硬装施工完毕并且具备软装摆场条件后，要分别做好硬装入口、墙面、地面、楼梯、灯具定位点线路的保护工作。

（三）进场安装摆放

结合摆场手册、设计方案和用品礼仪，依据现场环境进行位置摆放和调整，以达到最优的视觉效果（图 5-13）。

图5-13　现场摆场调整

第二节　软装方案的构建及制作

软装排版方案是设计师为客户展示软装设计效果最直观的方式。目前国内的软装排版方案模式有很多种，最主要的是能够完整地表达设计思路，通过概念方案的形式传达给客户（图 5-14 ～图 5-16）。

图5-14 软装方案排版（一）

图5-15 软装方案排版（二）

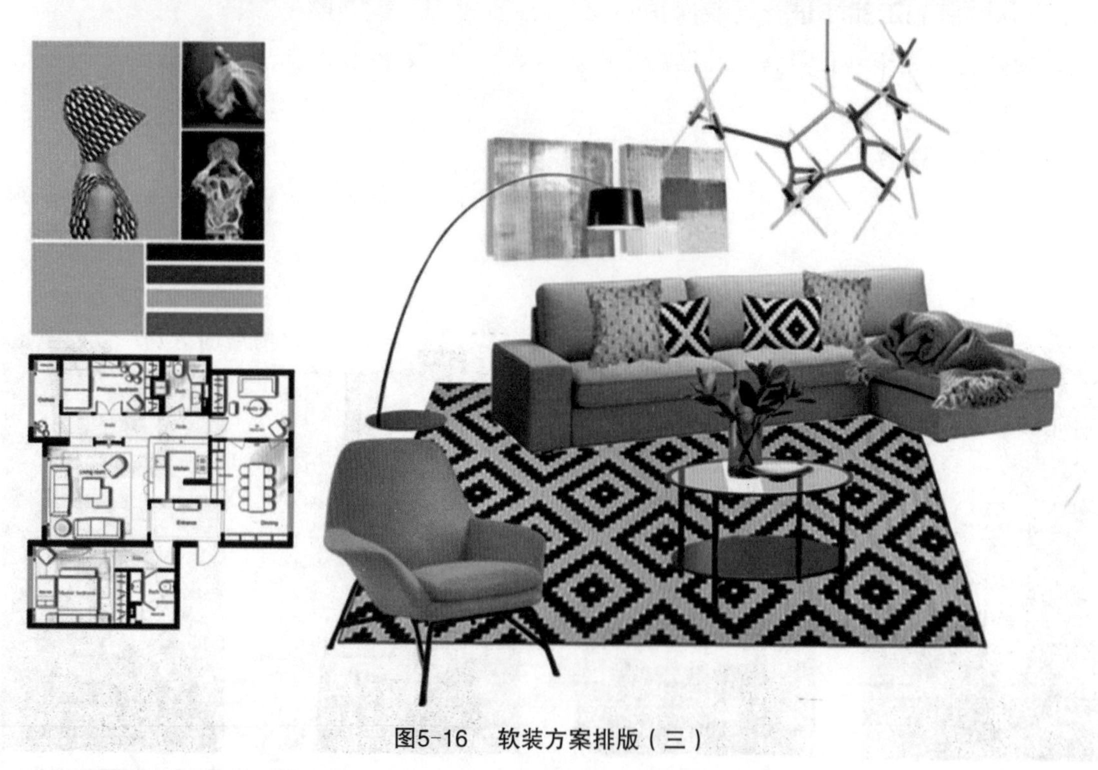

图5-16 软装方案排版（三）

一、排版方案的制作

（一）平铺式软装排版方案

这种方式简洁明了，只要把空间所需的物品平铺到画面上即可（图 5-17、图 5-18）。

（二）透视式软装排版方案

这种比较直观地模拟了实际空间的效果，把陈设物品用透视法展示出来（图 5-19、图 5-20）。

图5-17　平铺式排版（一）

图5-18　平铺式排版（二）

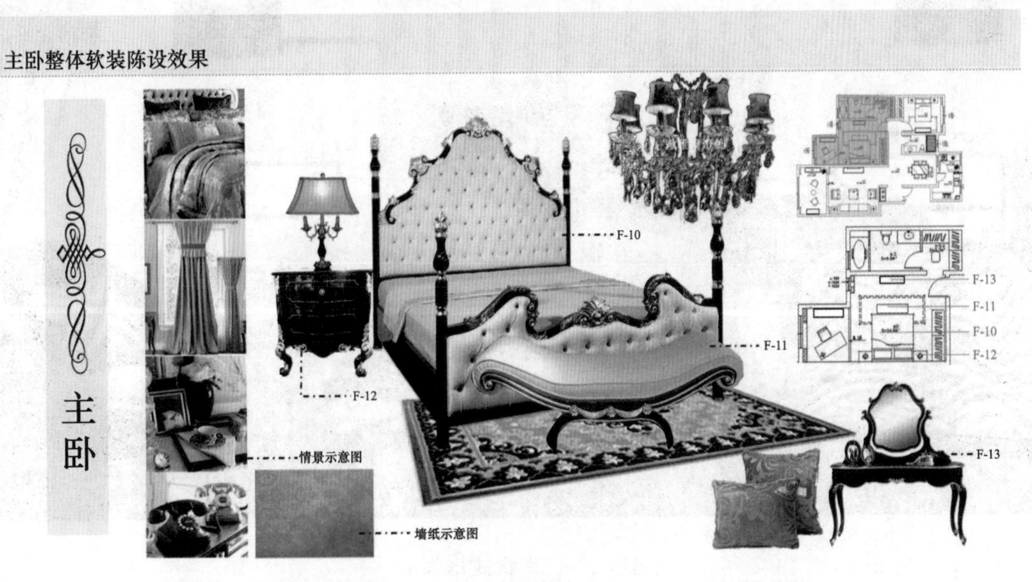

图5-19　透视式排版（一）

图5-20 透视式排版（二）

（三）海报式软装排版方案

用夸张的海报手法表现软装方案，适用于富有独特个性的设计方案的展示（图 5-21、图 5-22）。

图5-21 海报式排版（一）

图5-22 海报式排版（二）

二、方案文本制作

（一）方案封面

封面是一个软装设计方案给甲方的第一印象，非常重要，封面的整体排版要注重设计主题的营造，选择的图片清晰度要高，内容要和主题吻合，让客户从封面中就能感觉到这套方案的大概方向，引起客户的兴趣（图 5-23、图 5-24）。

图5-23 软装方案封面（一）

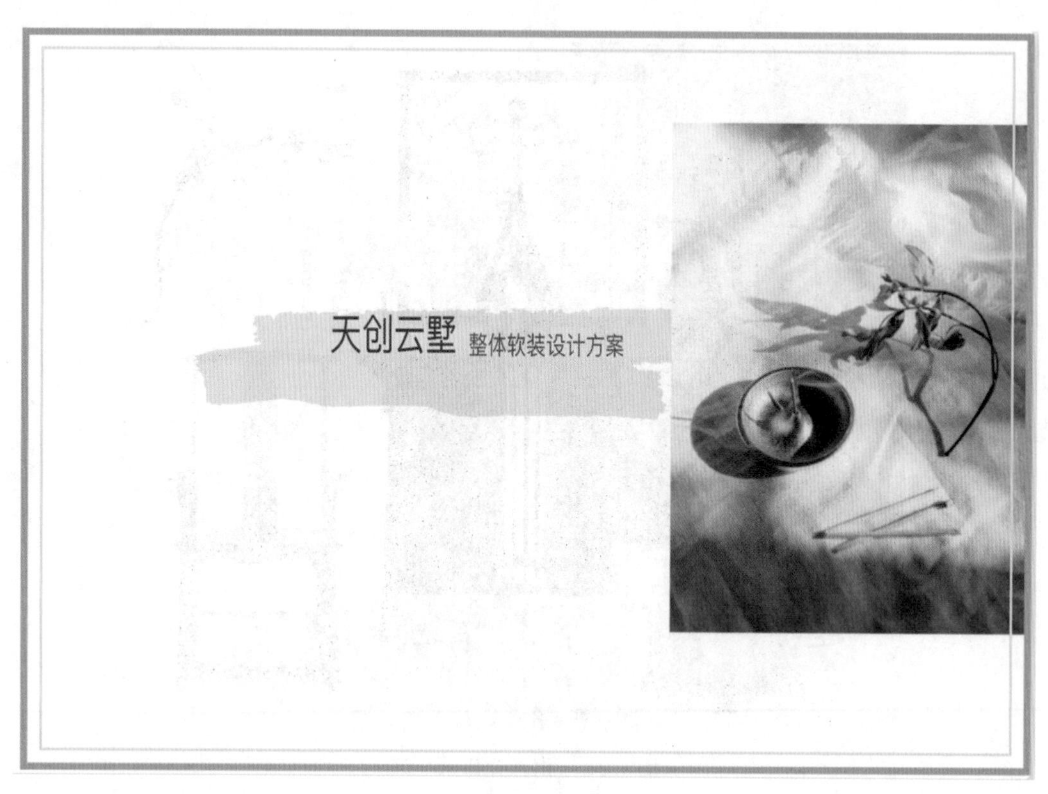

图5-24 软装方案封面（二）

封面的制作包括项目的名称、整体风格的印象，可以用代表性的符号、语言、图片等把整个格调展现出来，从而组成一个完美的画面（图 5-25、图 5-26）。

图5-25 软装方案封面（三）

图5-26　软装方案封面（四）

（二）方案目录

方案部分的目录索引是每个页面实际要展示的内容概括名，根据逻辑顺序罗列清楚，可用简单的配图点缀，面积不要太大（图 5-27、图 5-28）。

图5-27　方案目录（一）

图5-28　方案目录（二）

（三）设计主题

在设计创作时建立的主要方向，说明设计灵感来源，是表达给甲方“设计什么”的概念。通过主题概念隐喻设计含义，展现出一幅幅美丽的生活场景，体会前所未有的生活方式（图 5-29、图 5-30）。

（四）设计定位

通过设计风格、材料选择与搭配、色彩搭配、家庭结构和人物定位等进行细分，精准分析设计对象的特色和不同的需求，选定符合需求的设计要素和方向。

（1）设计风格定位。

软装的设计风格基本都是延续硬装的风格，虽然软装有可能会区别于硬装，但是在一个空间内也不可能完全把两者割裂开来，更好地协调两者才是最合适的方式（图 5-31）。

图5-29 设计主题（一）

图5-30 设计主题（二）

风格表现：

——新中式自然主义

新中式风格不是纯粹的元素堆砌，而是通过对传统文化的认识，将现代元素和传统元素结合在一起，再填入自然原始的气息，以现代人的审美需求来打造富有传统韵味的事物，让传统艺术在当今社会得到合适的体现。

图5-31 设计风格定位（成都万达城样板间软装方案）

（2）人物定位（图 5-32）。

人物设定

男主人，31岁，企业主管；女主人，29岁，企业职员；孩子5岁。

男主人性格比较开朗，喜欢亲近自然，并且喜欢开车郊游，户外运动，摄影。
妻子是个现代女性，对时尚敏感度很高，喜欢美容、购物。小两口比较注重孩子的教育，职业的特性让他常常因工作的繁忙而忘掉了自我。需要一个具有一定品质感和舒适的居住环境来实现本我的回归。

图5-32　人物定位（成都万达城样板间软装方案）

（3）材质及色彩定位。

设计主题定位之后，就需要考虑空间色系和材质定位，找到符合其独特气质的调性，用简洁的语言表述出细分后的色彩和材质的格调走向（图 5-33、图 5-34）。

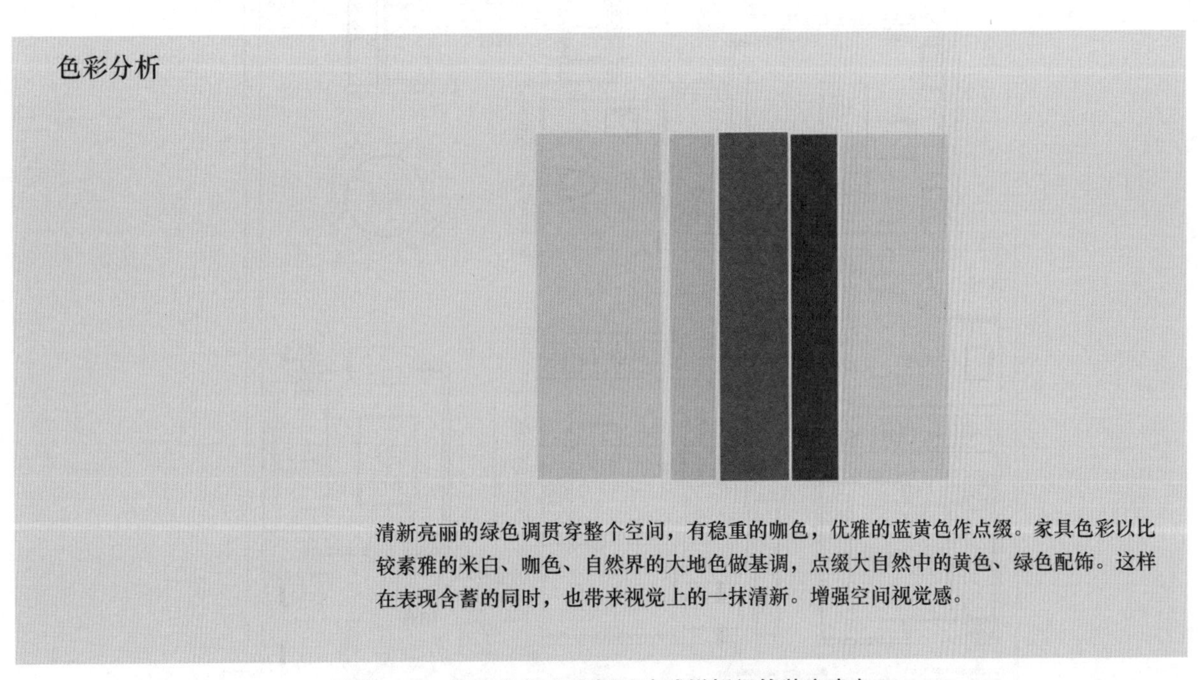

图5-33　色彩分析（成都万达城样板间软装方案）

图5-34　材质分析（成都万达城样板间软装方案）

（五）平面布局图

通过确定家具尺寸、合理布局空间，展现家具摆放位置之间的关系，明确家具的种类和数目（图 5-35）。

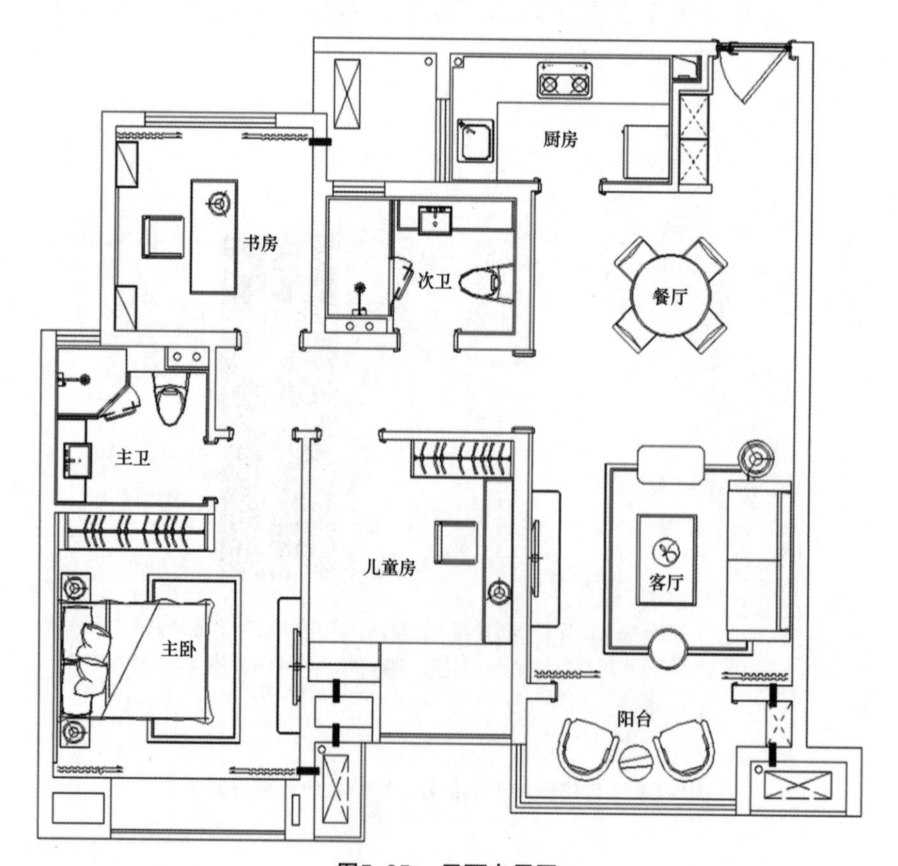

图5-35　平面布局图

（六）软装方案

根据平面布局图，按照由主到次的顺序，依次将每个单独空间进行软装元素设计和表现，形成可视化的视觉效果，从而表达设计方案中想要营造的空间主题（图 5-36、图 5-37）。

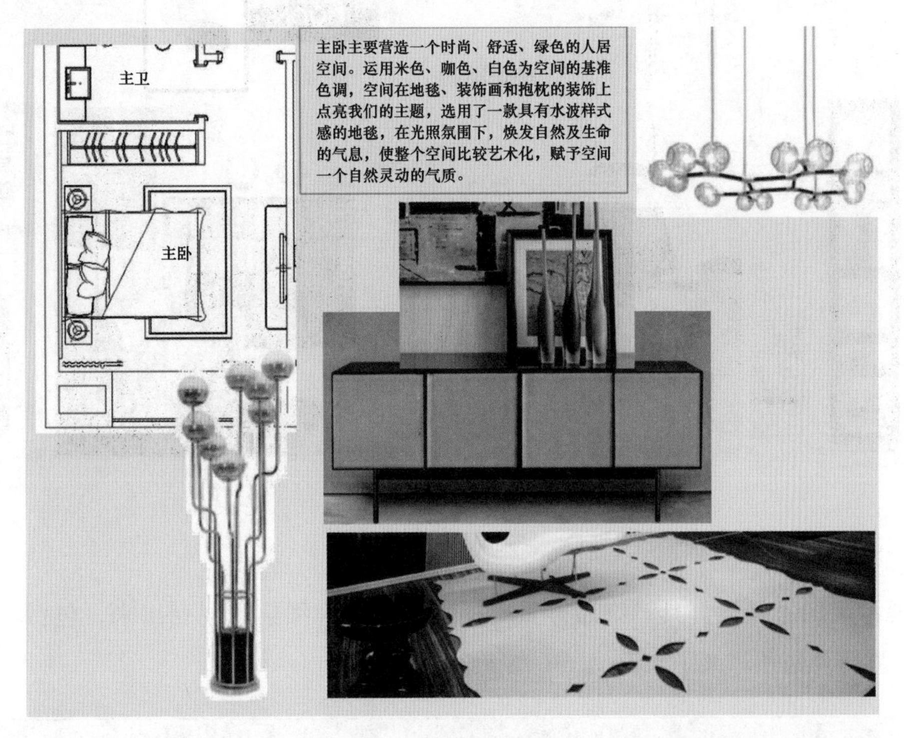

图5-36　主卧软装方案

图5-37　书房软装方案

（七）单品明细

将方案中展示出的家具、灯具、饰品等重要的软装产品详细信息罗列出来，包括名称、数量、品牌、尺寸等，图片排列整齐，文字大小统一（图 5-38）。

序号	单品	编号	名称	品牌	分类	颜色	材质	使用区域	尺寸	单价	数量
1		A-1	米遇 北欧布艺粉色双人沙发 A14 A14	米遇meou	双人沙发	粉色	布	休闲活动区	180cm × 82cm × 90cm	2460	1
2		A-2	茶几	艾黛家居	茶几	木色	木质	休闲活动区	150cm × 60cm × 75cm	1758	1
3		A-3	朴作-中古玄关柜	朴作Pure Life	边柜	蓝绿	实木+金属	休闲活动区	120cm × 40cm × 76cm	2000	1
4		A-4	设计师部落北欧创意LED小吊灯 100110-4（800×600）	设计师部落	吊灯	木色	金属	休闲活动区	80cm × 60cm	1250	1
5		A-5	简约边几台面软装套装首饰盘边几方案摆件 首饰盘套餐	奇居良品	摆件	黄绿	陶瓷	休闲活动区	200cm × 120cm × 25cm	196	1
6		A-6	莫兰迪花瓶 ins北欧装饰摆件创意手工陶瓷家居样板房客厅插花花器	初见	摆件	花色	陶瓷	休闲活动区	9cm × 9cm × 17cm/ 5.5cm × 5.5cm × 31cm/ 7cm × 7cm × 27cm/ 9cm × 8cm × 23cm	249	1
7		A-7	莫珂 餐具	莫珂印象	餐具	粉色	陶瓷	休闲活动区		258	2
8		A-8	地毯	JoyBird	地毯	浅灰	化纤	休闲活动区	200cm × 250cm ×	239	1

图5-38　单品明细表

【学生设计方案赏析】长江青年城设计项目案例

方案一：黄 ××

方案目录

项目概况

项目名称

长江青年城 空间造梦家

项目地址

黄陂区汉口北刘家头附近

设计范围

室内软装

设计面积

47㎡

项目定位

人群设定

单身女性

18~25岁

性格：外向，善于交际

爱好：花艺、看书、看电影、烘焙

风格定位

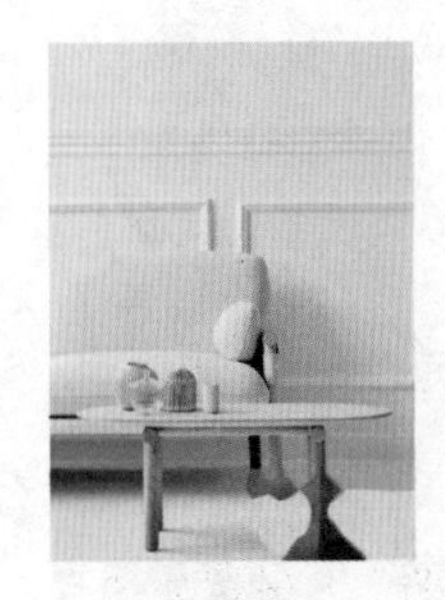

北欧ins风
来源于一款拍照软件中的滤镜风格，画风清新干净，注重运用复古冷调来设计居室空间，打造出来的视觉感不会让人觉得冷淡，反而体现温暖和可爱的氛围。
选用纯度较低的灰粉色系，与木色相搭配调整出生机勃勃的居住气氛。大限度地保留了木材的原始色彩和质感，具有独特的装饰效果，展现出一种朴素、清新的原始之美，代表着独特的北欧风格。

设计理念

- 长江青年城是武汉市政府留住百万大学生留汉创业就业信息服务平台建设的保障性住房，希望创造出舒适的居住氛围。
- 风格简洁、现代，以浅色为代表，整体感舒适自然，颇受年轻人的喜爱。
- 选择柔和，高雅的灰色以及可爱、青春的粉色。打造温馨、舒适的空间。
- 选择目前非常受到年轻女性欢迎的北欧ins风格。

色彩分析

室内空间陈列主色调以浅灰色为主，以原木色为辅。粉色与灰色相呼应。局部点缀淡蓝色与黄色。使整体空间浪漫又不失温馨。

平面分析

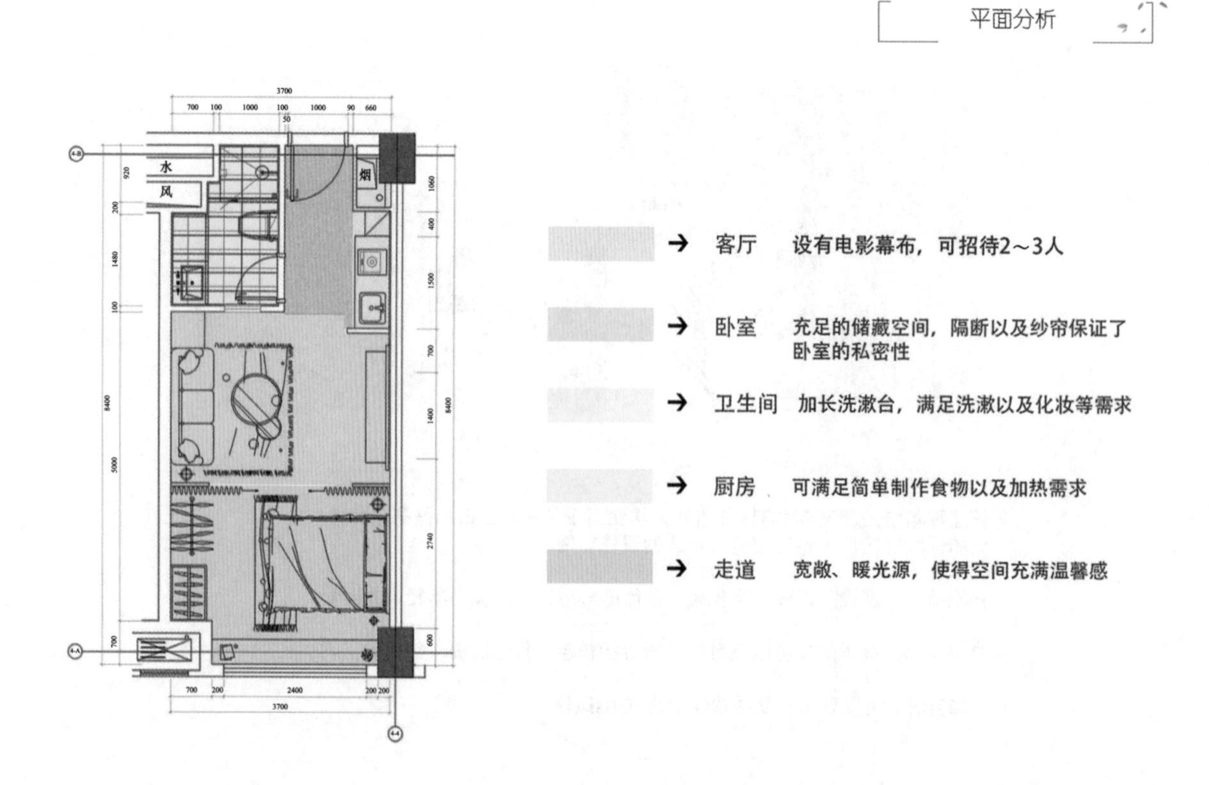

软装分析

软装分析

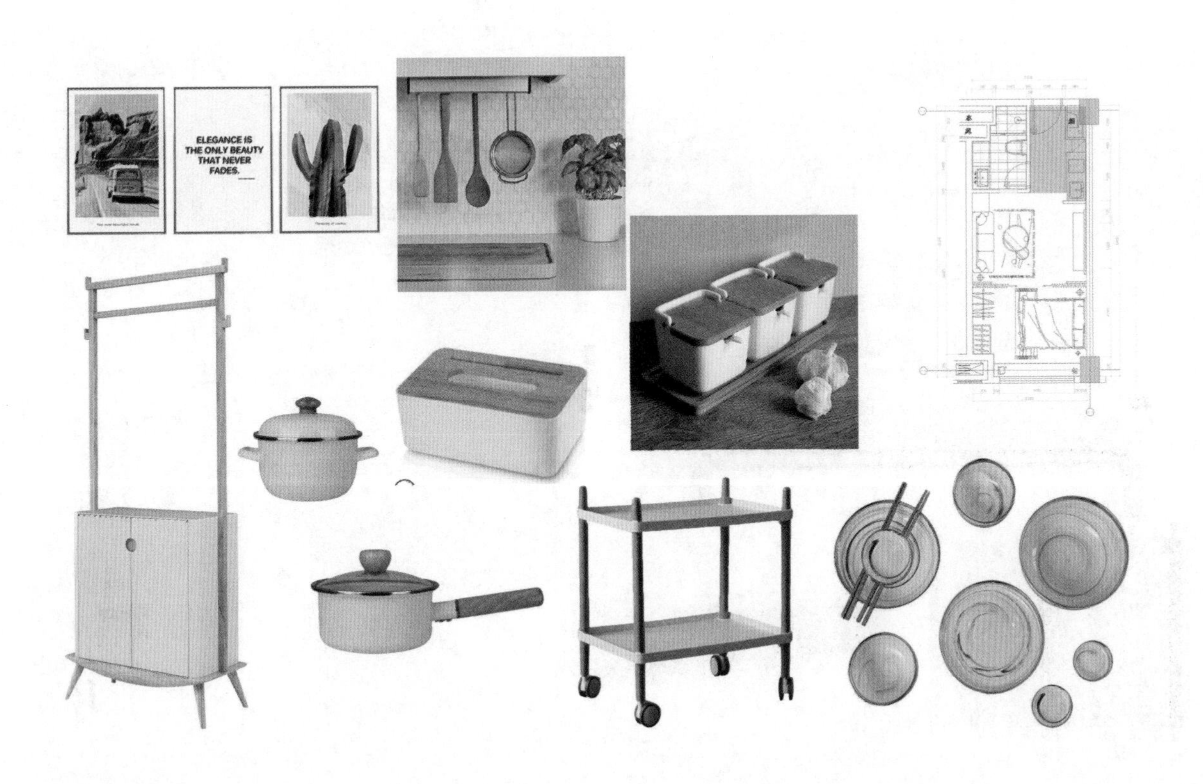

软装分析
以灰粉为主基调，淡蓝点缀
采用布艺与铁艺相结合

软装分析
以灰粉为主基调，采用
大量木材与铁艺相结合

方案二：易 ××

长江青年城
北欧·现代
16环艺2班
易××

目录
01　项目介绍
02　灵感来源
03　项目定位
04　风格定位
05　平面分析
06　色彩分析
07　软装分析

项目介绍

长江青年城是武汉市政府留住百万大学生留汉创业就业信息服务平台建设的保障性住房。项目规划占地1000亩，总建筑面积约166万平方米，可供5万名大学毕业生居住。

长江青年城位于黄陂区汉口北刘家头附近，在汉口北大道和318国道之间，临近汉口北国际商品交易中心，距轨道交通1号线汉口北站约1公里，步行至地铁站约15分钟。

灵感来源

简单，清新的绿色植物让人联想到具有简洁，自然特点的北欧风格，贴近自然，感受宁静。

项目定位

人群设定

性别：女
年龄：18~30 岁
性格：安静文艺，温文尔雅，但性格独立
喜好：喜欢旅行，看电影，画画

风格定位

北欧风格具有简约、自然、人性化这几种特点。在建筑室内设计方面，就是室内的顶、墙、地三个面，完全不用纹样和图案装饰，只用线条、色块来区分点缀。在家具设计方面，完全不使用雕花、纹饰的北欧家具，实际上的家具产品也是形式多样。如果说它们有什么共同点的话，那一定是简洁、直接、功能化且贴近自然，打造出一份宁静的北欧风情。

平面分析

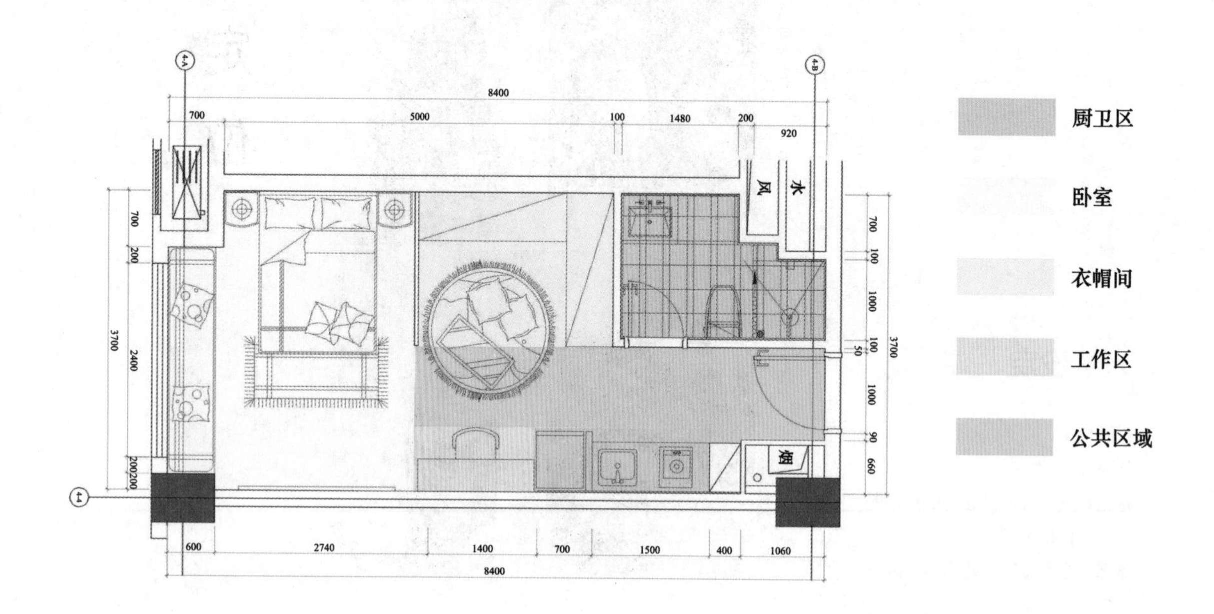

色彩分析

以白色为背景，灰色为主题，黑色，绿色，黄色为点缀，达到明与暗，刚与柔的对比，不用纯色而多使用中性色进行柔和过渡，令人产生舒适的视觉效果。

衣帽间软装分析

卧室软装分析

卫生间软装分析
走道软装分析
G

方案三：聂 ××

中国·武汉·汉口北·长江青年城
47m²精装小户型
软装搭配方案
班级：16级环艺一班
姓名：聂××

目　录
项目介绍
设计理念
项目定位
风格定位
平面分析
色彩分析
软装分析

项目介绍

项目名称：汉口北长江青年城47㎡小户型软装方案

项目简介：为了贯彻落实武汉市政府“百万大学生留汉创业就业工程”为其打造最优惠，最宜居的生活社区。

设计范围：室内软装

设计面积：47㎡

伦敦美人鱼墙

设计理念
(灵感来源)

灵感来源于英国伦敦艺术工作室的外墙，采用马卡龙色的瓦片，**形成**“美人鱼墙“，虽然它现在已经被拆除，但是温柔的颜色就像美人鱼的尾巴一样，满足女性的梦幻少女心。把这种清新温柔融入软装搭配中，给处于青春花季的女性初入社会的第一份礼物。

项目定位

人群定位

20~25岁的留汉女性大学生。

这是女性从稚嫩到成熟的过渡年龄段，既有青春活力的样子也有对高品质生活的向往，她们的精神需求和生活品质追求没有固定范围。所以我们在软装搭配定位时应该考虑到她们所能承受的经济范围和对时尚的追求。

风格定位

风格意向图

北欧——清新马卡龙色系风格

北欧家具是小空间的绝配，清新淡雅的马卡龙色系更让人觉得轻松，虽然整体效果保持了简约清淡的感觉，但是一些嫩色系的加入调和了空间的亮度和色调，让空间变得柔和愉悦，仿佛舌尖上的马卡龙一般甜滑，第一眼就让人产生满满的幸福感。

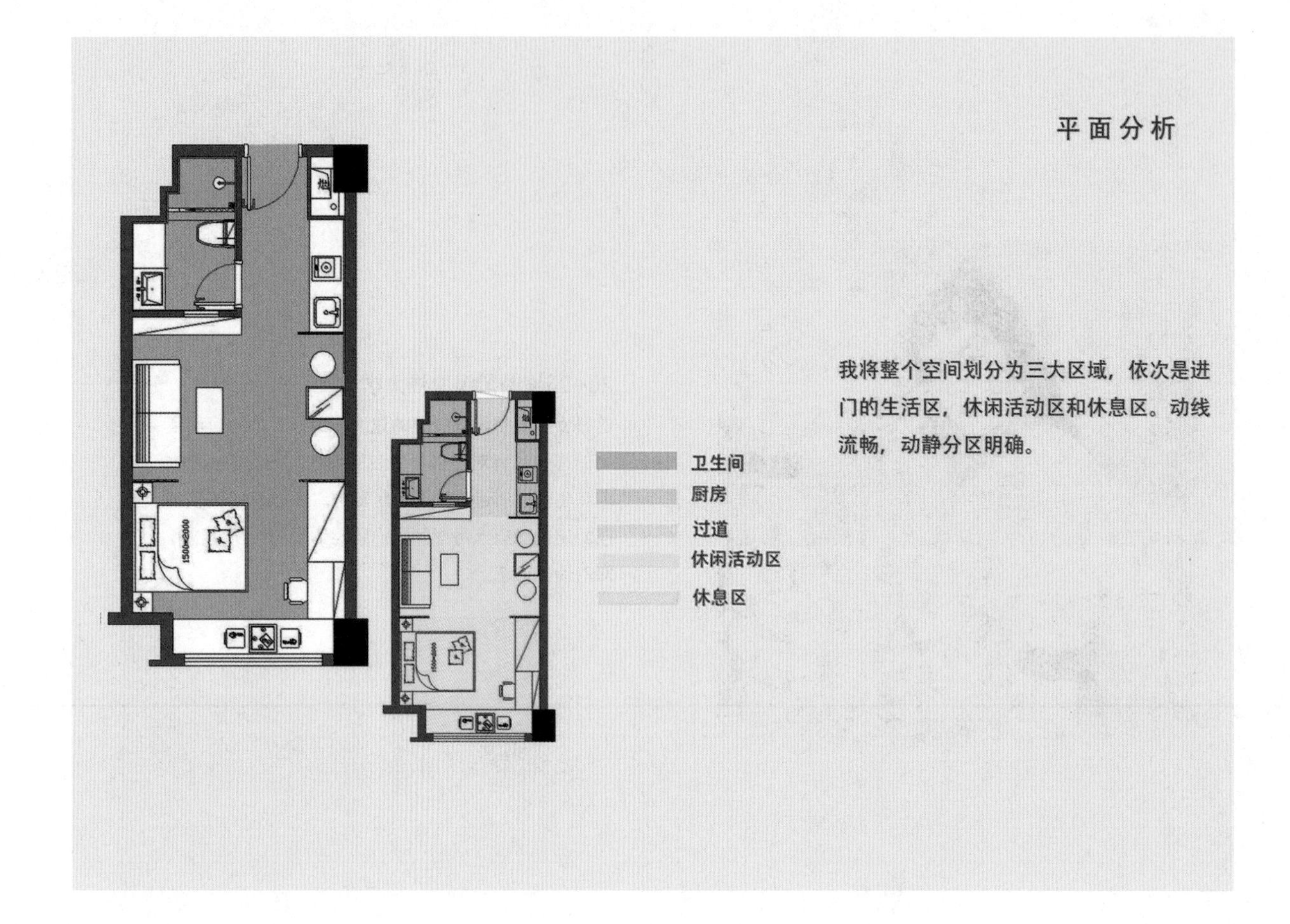

平面分析

我将整个空间划分为三大区域，依次是进门的生活区，休闲活动区和休息区。动线流畅，动静分区明确。

设计理念

(色彩灵感)

在这里居住的业主都是刚毕业的大学生，她们都怀揣着对未来美好的期望，但是也带着孤独感踏入自己职业生涯。

所以我在色彩上采用了马卡龙色系，例如粉红，粉蓝在点缀色上则采用充满希望的粉黄和粉绿，将这些色彩经过推敲和比例缩放融入软装搭配中，给业主一个温暖又充满希望的家。

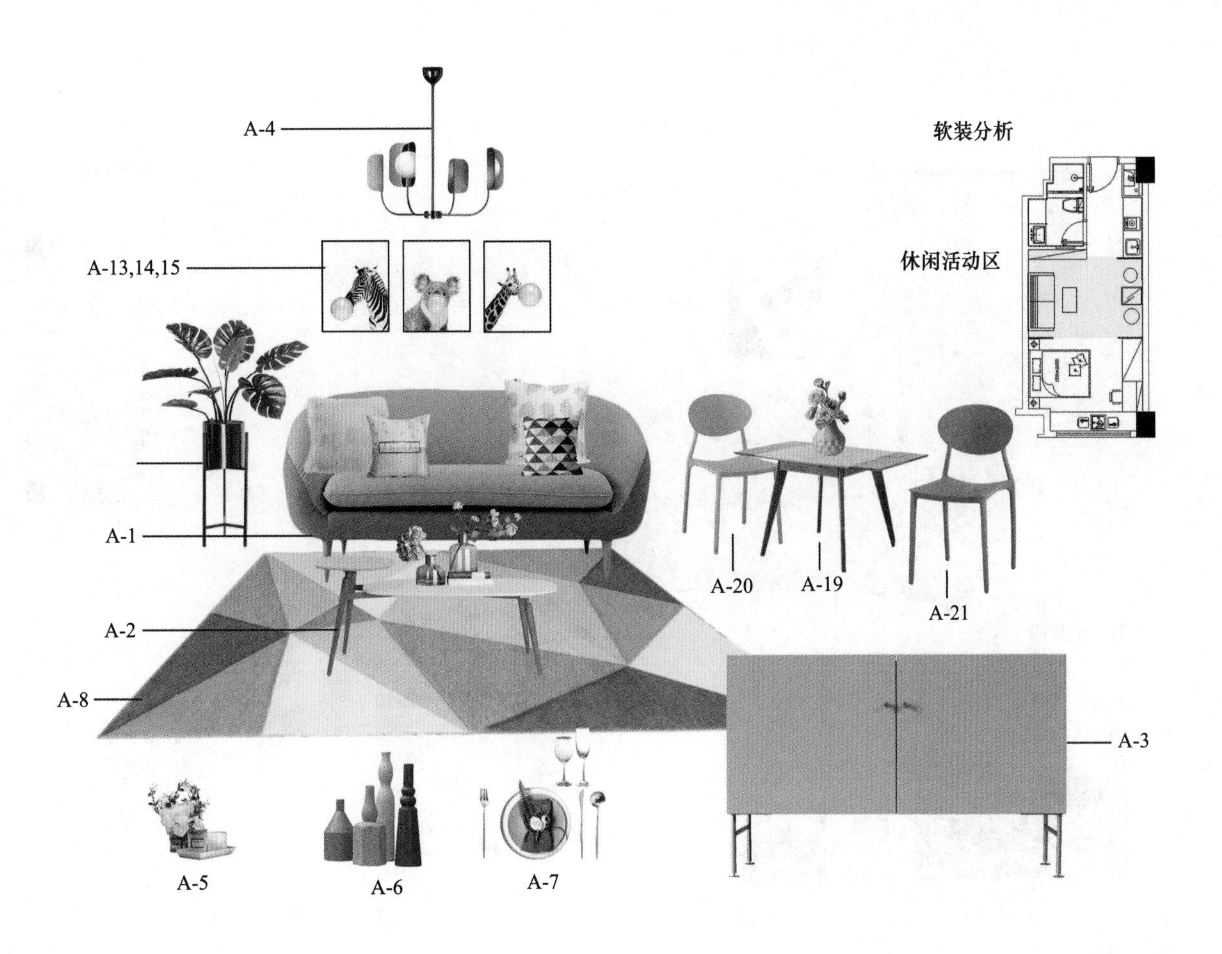

卧室色彩　　客厅色彩

卧室和客厅的色相很接近，只是降低了明度和纯度，因为相对于休闲活动较多的客厅来说，卧室是业主需要安静休息的场所，低饱和度和明度的颜色让人更易进入睡眠状态。

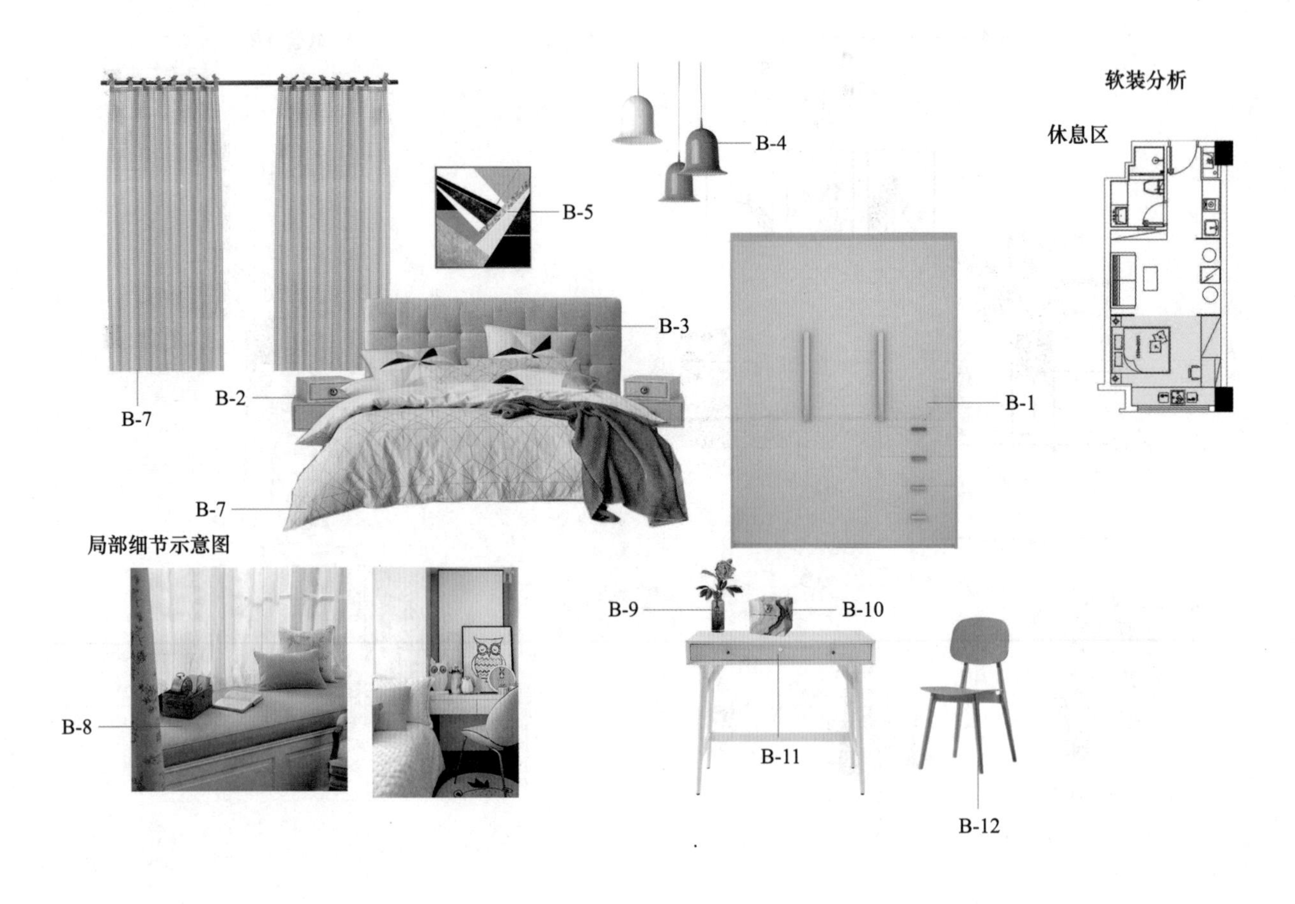
软装分析
休息区
B-4
B-5
B-3
B-2
B-7
B-1
B-7
局部细节示意图
B-9
B-10
B-8
B-11
B-12

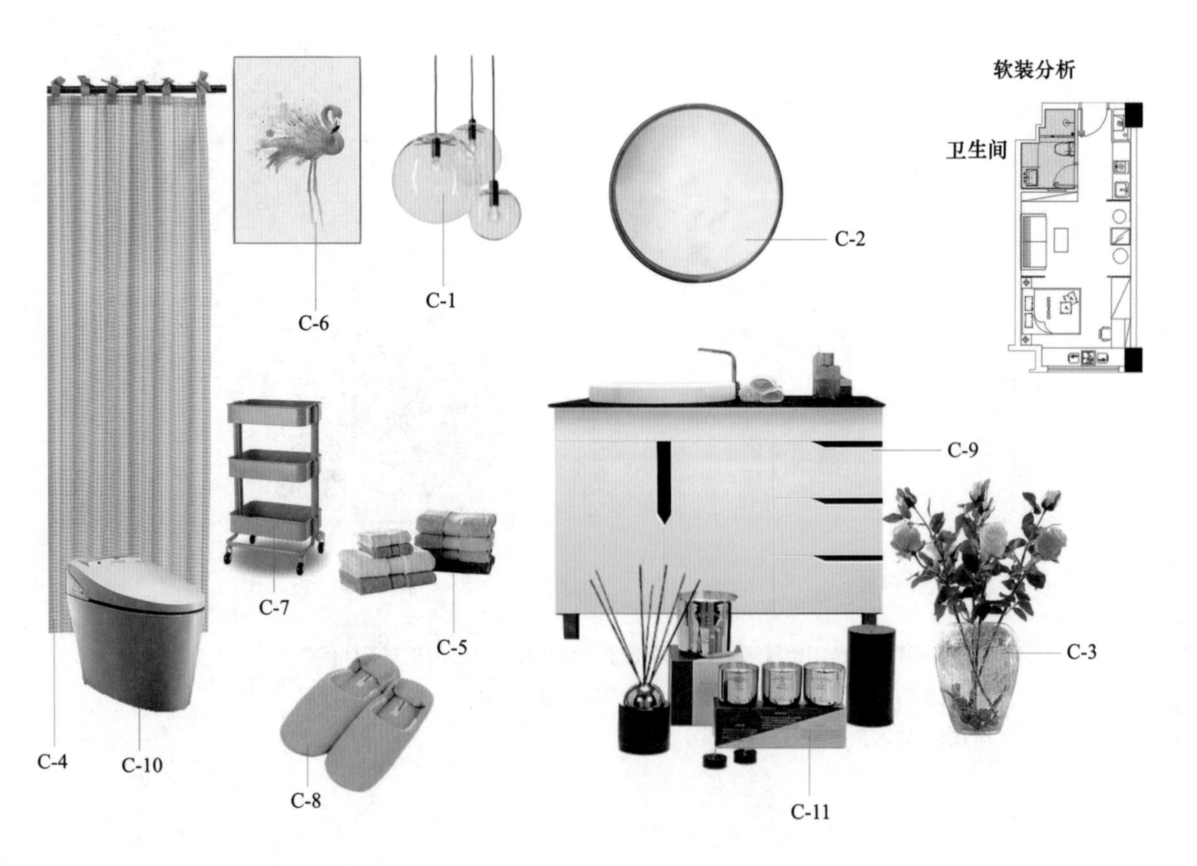
软装分析
卫生间
C-2
C-6
C-1
C-9
C-7
C-5
C-3
C-4
C-10
C-8
C-11

本章小结：

通过本章的学习了解软装设计前期的准备工作，掌握软装设计方案的工作流程及制作流程，能运用相关设计软件制作全套室内软装设计方案文本，锻炼学生方案文本的制作能力和设计现场摆场的综合能力。

思考与练习题：

1. 以身边的朋友或亲戚为受访对象，自制一份调查问卷，要求能全面深入的了解并掌握客户的需求。

2. 从以下六个主题中任选一个，要求能利用色块、居室环境、花艺寓意、色彩灵感、关键词以及相对应的图片来展现设计立意。

主题：民国记忆、绿野仙踪、有氧生活、回归初心、浪漫华尔兹、东方美韵

作业范例：

3. 基于所了解的风格类型及特征，选择一个公众人物进行相关背景资料的查找，确定与该人物身份地位相匹配的风格进行某一场景（居住空间或办公空间）的软装设计。

4. 根据设计方案，用Excel表格制作一份预算清单，需注意总表与分表在数量、价格上一一对应。

参考文献

[1] 许秀平 . 室内软装设计项目教程 [M]. 北京 : 人民邮电出版社，2016.

[2] 文健 , 周可亮．室内软装饰设计教程 [M]. 北京 : 清华大学出版社，2011.

[3] 孙嘉伟 , 傅玉芳 . 室内软装设计 [M]. 北京 : 中国水利水电出版社，2014.

[4] 夏琳璐．室内软装饰设计与应用 [M]. 北京 : 经济科学出版社，2012.

[5] 漂亮家具编辑部 . 照明设计终极圣经 [M]. 南京 : 江苏凤凰科学技术出版社，2015.

[6] 严建中 . 软装设计教程 [M]. 南京 : 江苏人民出版社，2013.

[7] 兰德尔 . 窗帘设计手册 [M]. 南京 : 江苏人民出版社，2012.

[8] 戴昆 . 室内色彩设计学习 [M]. 北京 : 中国建筑工业出版社，2014.

[9] 唐秋子 . 花艺设计师成长手册 [M]. 南京 : 江苏科学技术出版社，2013.

[10] 胡小勇，彭金奇 . 室内软装设计 [M]. 武汉 : 华中科技大学出版社，2018.

[11] 陈静 . 室内软装设计 [M]. 重庆 : 重庆大学出版社，2015.

[12] 李江军 . 室内软装全案设计 . 北京 : 中国电力出版社，2018.

[13] 伊拉莎白 · 伯考 . 软装布艺搭配手册 [M]. 童城 , 译 . 南京 : 江苏凤凰科学技术出版社，2000.

图书在版编目(CIP)数据

软装设计与实战 ／阎轶娟，龙杰，秦杨主编. -- 北京：中国纺织出版社有限公司，2021.8
“十四五”普通高等教育本科部委级规划教材
ISBN 978-7-5180-8698-6

Ⅰ. ①软… Ⅱ. ①阎… ②龙… ③秦… Ⅲ. ①室内装饰设计—高等学校—教材 Ⅳ. ①TU238.2

中国版本图书馆CIP数据核字（2021）第138586号

责任编辑：刘美汝　华长印　　责任校对：寇晨晨
责任设计：李　平　　责任印制：王艳丽

中国纺织出版社有限公司出版发行
地址：北京市朝阳区百子湾东里A407号楼　邮政编码：100124
销售电话：010—67004422　传真：010—87155801
http://www.c-textilep.com
中国纺织出版社天猫旗舰店
官方微博http://weibo.com/2119887771
天津雅泽印刷有限公司制版印刷　各地新华书店经销
2021年8月第1版第1次印刷
开本：889×1194　1/16　印张：13.5
字数：187千字　定价：68.00元

凡购本书，如有缺页、倒页、脱页，由本社图书营销中心调换